AF549996

Seepferdchen

Ein Portrait
von
Andrea Grill

NATURKUNDEN

NATURKUNDEN №95

herausgegeben von Judith Schalansky
bei Matthes & Seitz Berlin

Inhalt

Anfänge und Gespräche

Ein Seepferdchen reitet im Indischen Ozean nahe der Insel Sumbawa auf Meeresströmungen. Mit dem Schwanz greift es nach einem Stück Seegras, schwimmt so mit der steigenden Flut; mehr und mehr Müll wird Richtung Küste gespült, plötzlich lässt das Tier den Halm los, fasst nach einem rosa Wattestäbchen. Diesen Moment hält der britische Fotograf Justin Hofman mit seiner Kamera fest. Auf dem Bild ist der Kopf des Seepferdchens kaum größer als der Wattekopf des Stäbchens. Im Hintergrund sind helle Flecken zu sehen – Plastiktaschen, wie Hofman in Interviews erläuterte.

Das war im Sommer 2017. Einmal mehr wurde die Verschmutzung der Meere öffentlichkeitswirksam besprochen. Diesmal aber mit einem konkreten Ergebnis: Das Europäische Parlament beschloss ein Gesetz, das die Herstellung von Einwegplastik in der Europäischen Union verbietet. Seit Juli 2021 dürfen Luftballonstäbe, Trinkhalme, Rührstäbchen, Wattestäbchen aus diesem Material nicht mehr produziert und in den Handel gebracht werden. Nie mehr soll ein Seepferd sich an ein in der EU hergestelltes Plastikteil klammern.

Ein Seepferdchen brachte uns dazu, unsere Gesetze zu verändern. Auf Umwegen und ohne es zu beabsichtigen, indem es tat, was es eben tut: Es ließ sich treiben. Nur diesmal haben wir ihm dabei zugesehen.

*

Oder ich beginne in Uppsala, im Jahr 1758, mit Carl von Linné. Carl ist die erste Person, die ein Seepferdchen offiziell beschreibt. Er gibt dem Tier den Namen *Syngnathus hippocampus* – »pferdähnliches Meereswesen«. Seine Beschreibung basiert auf eigenen Beobachtungen. Er besaß zwei Exemplare, die ziemlich unterschiedlich aussahen, und obwohl er ein akribischer Taxonom war, hielt er sie für ein und dieselbe Art. Carl erfand als Erster ein System, in dem alle bekannten Lebewesen zweiteilige Namen erhielten, auch das Kurzschnäuzige Seepferdchen. Dieses System verwenden wir bis heute. Der erste Teil des Namens benennt die Gattung, der zweite die Art. Der von Linné bestimmte Gattungsname des Seepferdchens wurde später in *Hippocampus* verändert, während die nahe verwandten Seenadeln unter *Syngnathus* eingeteilt wurden. Die beiden Individuen, die Linné in seiner Sammlung hatte, heißen heute *Hippocampus hippocampus* und *Hippocampus guttulatus*.

*

Oder wir beginnen mit der Jagd. Seepferdchen verharren stundenlang unter einer Alge, bis sie mögliche Beute entdecken – einen Kleinkrebs oder Wasserfloh zum Beispiel. Sie lauern den Tierchen auf, bis sie nahe genug an ihren Mund herankommen, der als Saugfangrohr funktioniert, ähnlich wie eine Pipette: Blitzschnell schlürfen sie den Krebs ein.

Ich könnte davon erzählen, dass Seepferdchen einander jeden Morgen begrüßen und vor dem Sex oft lange miteinander tanzen. Dass sie meist monogam leben. Dass das Männchen die Eier vom Weibchen übernimmt und in seiner Brusttasche austrägt.

*

Justin Hofman hatte seine Kamera genau im richtigen Moment parat: als ein Seepferdchen vor der indonesischen Insel Sumbawa nach einem Wattestäbchen fasste.

Dann ist da Daniel, der sagt, wenn du keine Delfine halten kannst, musst du Seepferde haben, sie sind der stärkste Publikumsmagnet. Im Haus des Meeres in Wien, untergebracht in einem umgebauten ehemaligen Flakturm aus den 1940er-Jahren, gelingt es ihm seit 2005, Seepferdchen im Aquarium zu züchten. Die Seepferdchenbabys schweben hinter einer gut geputzten Scheibe in einem Kreiselaquarium. Ein Spaziergang von kaum zehn Minuten und ich bin dort. Wenn ich mich nach dem Meer sehne, danach, dem Leben unter Wasser zuzuschauen, kann ich jederzeit die Karibischen Langschnauzen-Seepferdchen besuchen. Ausgerechnet in einer Stadt, in der Mitte des europäischen Kontinents, weit weg von allen Ozeanen, gedeiht, dank Daniels sorgsamer Pflege, ihr Nachwuchs prächtig.

Hippocampus reidi gehören zu den größeren Arten der Gattung, von Krone bis Schwanzspitze können sie so lang werden wie eine Hand. Ihre meist hellgelbe Färbung macht sie zu attraktiven Aquarienfischen, außerdem sind sie als Tropenbewohner ganzjährig fortpflanzungsfähig – ein großer Vorteil bei der Zucht.

*

Mein erstes Seepferdchen traf ich an der adriatischen Küste vor Rovinj. Es war knallgelb, gelber als eine Zitrone, besaß am ganzen Körper Anhängsel, die ein wenig wie Stacheln wirkten, und zu den Spitzen hin grünlicher wurden oder hellbraun, wie verdorrte Ästchen. Das Auge – ich sah es von der Seite – war tiefschwarz und weiß umrandet. Die Begegenung ereignete sich während eines meeresbiologischen Seminars unter Wasser, zum ersten Mal war es mir gelungen, die Luft lange genug anzuhalten und den Druck auf die Ohren durch vermehrtes Schlucken und Ausatmen mit zugehaltener Nase schnell genug auszugleichen, um drei Meter tief hinunterzutauchen.

Kurz darauf entdeckte ich eine Nacktschnecke. Violett, Stacheln in Pink und Orange, weiße Spitzen. Die Schnecke lebte dort in den Klüften eines Felsbrockens. Das Seepferdchen, das, denke ich jetzt, *Hippocampus guttulatus*, ein Langschwänziges Seepferdchen, gewesen sein muss, befand sich zwei Meter unterhalb zwischen Seegräsern, die wie kleine Büsche aussahen, oder wie Setzlinge von Tannenbäumchen. Die beiden Tiere wirkten so unwahrscheinlich, als wären sie gerade an einem Zeichentisch erfunden worden. Ich hätte mir an der Adria graue, bräunliche, höchstens sandfarbige Meeresbewohner erwartet. Ich hatte keine Ahnung!

Das hätte der Beginn einer Karriere als Meeresbiologin werden können. Es ergab sich aber anders. Bald war ich auf Landlebewesen spezialisiert. Versuche, vom Land ins Meer zurückzukehren, schlugen eine Zeit lang fehl. Jetzt aber ist es so weit. Ich ergreife die Gelegenheit, diesen bemerkenswerten Tieren zu folgen; und höre ihnen zu. Denn Seepferdchen können sprechen – wenn Sprechen heißt, mittels Lauten eine Nachricht zu übertragen. Dass sie das tun, ist seit Mitte des 19. Jahrhunderts bekannt. Es wurde allerdings selten wahrgenommen. Das liegt nicht zuletzt daran, dass unsere Ohren zwangsläufig voll Wasser sind, wenn wir ihnen begegnen, und wir zusätzlich laut durch einen Schnorchel atmen. An sich könnte unser Gehör ihre Laute ohne Übersetzung wahrnehmen, sie befinden sich in einem der durchschnittlichen Stimme erwachsener Menschen nicht unähnlichen Frequenzbereich von 200 Hertz.

Während ich im Haus des Meeres in Wien vor den Wassertanks sitze und den vor mir schwebenden Tieren zuhöre, klingen sie wie das Tippen eines Bleistifts auf einem Tisch. Oder, in einem anderen Moment, wie etwas, das aus dem Zugfenster gehalten im Wind flattert.

*

Der japanische Maler und Illustrator Hashime Murayama stellte in seinen Arbeiten gern auch die Umgebung der Lebewesen dar, die er malte, wie hier in Sechs Seepferde im Meer *aus 1920.*

Auch der 1886 in Pirmasens geborene deutsche Lyriker Hugo Ball lauschte, schon lange bevor es Aufnahmen der Lautäußerungen von Seepferdchen gab, den Meerestieren und zeichnete ihre Aussagen in seinem Gedicht *Seepferdchen und Flugfische* auf, während er fernab der Ozeane mitten im kontinentalen Zürich saß.

tressli bessli nebogen leila
flusch kata
ballubasch
zack hitti zopp

zack hitti zopp
hitt betzli betzli
prusch kata
ballubasch
fasch kitti bimm

zitti kitillabi billabi billabi
zikko di zakkobam
fisch kitti bisch

bumbalo bumbalo bumbalo bambo
zitti kitillabi
zack hitti zopp

tressli bessli nebogen grugu
blaulala violabimini bisch
violabimini bimini bimini
fusch kata
ballubasch
zick hitti zopp

Ball lag daran, in seinen Texten kein Wort zu verwenden, das bereits von anderen benutzt worden war. Durch das Vortragen unter anderem dieses Gedichtes im Cabaret Voltaire in der Zürcher Spiegelgasse 1 begründete er maßgeblich die Dada-Bewegung, die er als notwendigen Schritt zu weiterer sozialpolitischer Aufklärung betrachtete. Dabei war er ein entschiedener Anti-Kriegsaktivist und den militanten Aspekten des Dadaismus komplett abgeneigt, vielmehr versuchte er mit einer erfundenen Sprache, dem Leben auf den Grund zu gehen.

Wann äußern sich Seepferde eigentlich in Lauten?

Bei der Jagd. Wenn sie fressen. Wenn sie Stress haben, weil sie in ein neues Aquarium umziehen oder in der Hand gehalten werden. Wenn zwei Männchen zueinander in Konkurrenz treten. Und während der Balz.

Tropische Seepferde der Art *Hippocampus reidi,* wie sie im Haus des Meeres gezüchtet werden, klicken einander drei Tage lang zu, bevor sie sich verpaaren. Je näher sie dem Zeitpunkt der Vereinigung kommen, desto häufiger werden die Klicks. Die Männchen sind dabei lauter als die Weibchen, aber beide klicken gleich oft. Hier lässt sich tatsächlich sagen: Es klickt zwischen ihnen.

Fische können klickende Töne auf verschiedene Weise erzeugen, zum Beispiel indem sie ihre Schwimmblasen pulsieren lassen oder plötzlich Luft aus dem Maul ausblasen. *Hippocampus reidi* klicken jedoch mit den Schädelknochen. Die Klicks werden am Hinterkopf produziert, durch Reiben zweier Knochen aneinander; ähnlich wie Grillen zirpen, wenn sie ihre Flügel gegeneinander bewegen. Pro Klick wirft das Seepferd einmal den Kopf zurück, das wurde mittels Highspeed-Fotografie festgestellt. Klick. Kopf. Klick. Kopf. Klick. Kopf.

Der zweite Tontyp, mit dem Seepferdchen sich äußern, ist ein Knurren, das wahrscheinlich durch schnelle, wiederholte Kontraktion von Muskeln an der Seite des Körpers entsteht: Das gesamte Seepferd vibriert. Experimente an Tigerschwanz-Seepferden (*Hippocampus comes*) in Malaysien zeigten, dass es zwei Sorten von Knurren geben kann. Die eine drückt Unbehagen aus, die andere Zufriedenheit, wie bei Katzen. *Hippocampus comes* wird im Labor oft mit Glasgarnelen gefüttert.

Werden ihnen diese vorgesetzt, folgt auf jeden Klick über die Anwesenheit des Futters zusätzlich auch ein Schnurren.

Dass während des Fressens geklickt wird, scheint kontraproduktiv, da so die Beute vorgewarnt wird; noch dazu würden Raubfische, die ihrerseits auf Seepferde aus sind, geradezu angelockt. Forscher*innen können bisher nur vermuten: Möglich ist, dass Artgenossen durch das Klicken signalisiert wird, wo Nahrung zu finden ist, oder potenzielle Brutpartner so über die eigene Anwesenheit in einem angenehmen, weil futterreichen Lebensraum auf dem Laufenden gehalten werden.

Werden die Tiere unter Wasser in einen Netzkäfig gesetzt oder von den Forscher*innen in die Hand genommen, knurren sie hingegen entsetzt.

Das Adjektiv ›entsetzt‹ ist natürlich ein Hilfsausdruck. Ich kann nur ahnen, welche Empfindung ein Seepferd als Entsetzen erleben und wie es davon sprechen würde. Ich nenne es Entsetzen, weil es mir das Gefühl zu sein scheint, das ich hätte, würde mich ein Seepferd, hundert Mal so groß wie ich, auf seine Flosse setzen.

Schnurren und Knurren kommen bei Tigerschwanz-Seepferdchen wahrscheinlich aus den Wangen. Wie die Laute dort genau entstehen, muss noch erforscht werden, womöglich durch die Vibration von Wangenknochen. Zum Zweck des Knurrens gibt es mehrere Hypothesen: Vielleicht erschrecken Fressfeinde dadurch und lassen ihre Beute los, vielleicht lockt es größere Prädatoren an, die diejenigen, die das Seepferd bedrohen, auffressen, sodass es selbst entkommen kann, vielleicht werden Artgenossen vor der Gefahr gewarnt. Genau wissen es auch die auf das Thema spezialisierten Forscher*innen noch nicht. Die Seepferdchen im Haus des Meeres knurren nur, wenn sie von Menschen in die Hand genommen werden.

Bleibt noch zu klären, warum Männchen lauter klicken. Vielleicht, um den Weibchen zu zeigen, wie toll sie sind? Der Tollste ist der Lauteste? Er wird dann – hoffentlich – von ihr auserwählt. Es könnte auch sein, dass die Lautstärke dazu dient, untereinander auszumachen, wer welches Revier, sprich welchen Seegrashalm bekommt. Wahrscheinlich ist: Wer am lautesten klickt, hat das Sagen.

Strahlenflosser mit verknöchertem Skelett

Seepferdchen gehören zu den Fischen, genauer: den Knochenfischen, die ein wenigstens teilweise verknöchertes Skelett besitzen – im Gegensatz zu den Knorpelfischen, wie beispielsweise Haie, deren Skelett nur biegungselastisches Stützgewebe, also Knorpel enthält.

Die *Osteichthyes*, von altgriechisch ὀστέον für ›Knochen‹ und ἰχθύς für ›Fisch‹, bestehen aus zwei Großgruppen: Strahlenflosser und Fleischflosser. Mehr als die Hälfte aller bekannten Wirbeltiere und 96 Prozent der lebenden Fischfauna gehören zu Ersteren, auch die Seepferdchen. Zu Zweiteren gehören alle Landwirbeltiere, einschließlich der Säugetiere, auch die Menschen. Diese Einteilung kommt zustande, weil die moderne Systematik die evolutionären Verwandtschaftsbeziehungen der Organismen berücksichtigt. Somit ist klar: Unsere Vorfahren waren Fische.

Fische ähneln uns: Kopf, Wirbelsäule, Extremitäten. Wir kommen, wie sie, im Wasser zur Welt, mit Schwimmhäuten, die wir bis zur Geburt ablegen, wenn wir mit dem Bauch der Mutter auch den aquatischen Lebensstil verlassen. Wie sie müssen wir unsere Nahrung fangen oder filtern und andere Wesen verspeisen, um am Leben zu bleiben.

Fische sind uns nahe. In erster Linie als Speise. Sie bieten nämlich die ideale Nahrung für unser großes Gehirn. Der Verzehr von Fischmahlzeiten war vermutlich eine der Voraus-

Im Buch De aquatilibus *aus 1553 des französischen Naturforschers Pierre Belon oder Petri Bellonii Cenomani ist ein Seepferdchen als Holzschnitt abgebildet.*

setzungen für dessen Evolution. Das rasante Wachstum der Hirnmasse bei frühen Hominiden wird oft mit einer Wanderbewegung aus Wäldern und Steppen an die Ufer von Gewässern in Zusammenhang gebracht, wo sie vermehrt Fisch aßen und dadurch die langkettigen ungesättigten Fettsäuren zu sich nahmen, die große Gehirne brauchen.

Und wir neugierigen Menschen würden nun gerne wissen, wie denn der erste Fisch, der an Land gegangen ist, ausgesehen hat.

Lange Zeit galt der geheimnisvolle Quastenflosser als evolutionäre Brücke zwischen Fischen und Landwirbeltieren. Die beinähnlichen Brust- und Bauchflossen, mit denen er am Meeresboden spazieren gehen konnte, legten das nahe. Die erst 1938 vor der afrikanischen Küste entdeckten und davor nur von Fossilfunden bekannten Tiere regten mit ihrem archaischen Äußeren, das sich seit mehr als 400 Millionen Jahren kaum verändert hat, die menschliche Fantasie an. ›Lebende Fossilien‹ nannte sie Charles Darwin 1859 in seinem Buch *Über die Entstehung der Arten* – zusammen mit dem Südamerikanischen Lungenfisch (*Lepidosiren paradoxa*) und dem Schnabeltier (*Ornithorhynchus anatinus*), ein eierlegendes Säugetier, das nur in Australien vorkommt. Er meinte damit Arten, die ihr Aussehen über im geologischen Sinn lange Zeiträume hinweg nicht verändert haben.

Als 2013 das Genom von *Latimeria chalumnae* entschlüsselt wurde, stellte sich heraus, dass Quastenflosser zwar nahe verwandt mit landbewohnenden Vierfüßern sind, aber nicht deren direkte Urahnen. Lungenfische, so zeigten die Daten, sind die nächsten noch lebenden Verwandten des Fisches, der als Erster an Land gekrochen war – wahrscheinlich, um der heftigen Nahrungskonkurrenz im Wasser auszuweichen.

Moderne Wirbeltiere haben, so unterschiedlich sie auch aussehen mögen, eins gemeinsam: ein vertikales Beißwerkzeug. So ein Kiefer ermöglicht, evolutionär gesehen, völlig neue Ernährungsweisen. Es kann geschnappt und gekaut werden. Spangen aus Knorpel oder Knochen festigen die Mundränder, Gelenke erlauben das Öffnen und Schließen des Mauls, das meist mit etwas ausgestattet ist, das uns Menschen von Kind an Mühe bereitet und oft auch Schmerzen: mit hartem Mineral überzogene Zähne. Sie sind eins von drei charakteristischen Merkmalen der Strahlenflosser, zu denen die Seepferdchen zählen.

Wer kein Kiefermaul hat, dem bleibt nichts anderes übrig, als zu raspeln oder zu saugen. So geht es den Seepferdchen. Sie haben weder Zähne noch Kiefer. Und doch gehören sie zu den Strahlenflossern. Sie sind derart merkwürdige Kreaturen, dass es selbst Wissenschaftler*innen nicht leichtfällt, sie in ihre Systeme einzupassen. Doch das wichtigste Kennzeichen von Strahlenflossern ist ihnen zu eigen: paarige Flossen, aus knöchernen Strahlen bestehend, zwischen denen die Schwimmhaut aufgespannt ist. Auch das dritte Merkmal der Gruppe, das Fehlen der zweiten Rückenflosse, trifft auf sie zu.

Genetische Analysen rechnen die Seepferde eindeutig zu den Strahlenflossern und darin zur Familie der Seenadeln. Damit bestätigen sie Carl von Linné, der sie einst auf den Vornamen *Syngnathus* taufte und zur Familie der Syngnathidae, der Seenadeln, reihte.

Seenadeln ähneln auf den ersten Blick schwimmenden Schlangen oder beinlosen Eidechsen. Stelle ich mir Seepferdchen ohne den charakteristischen Knick im Hals vor, verlieren sie einiges von ihrem Nimbus. Vielleicht ist das der Grund, warum ihre zoologischen Geschwister weniger bekannt sind, weniger oft in Kinderbüchern vorkommen, weder als Sandspielzeug nachgebaut noch als Dekor auf Servietten gezeichnet werden – der fehlende Knick entzieht ihnen Sympathie, weil damit die Ähnlichkeit mit Pferden sofort verschwindet.

Abgesehen von der Silhouette gleichen die Seepferdchen ihnen jedoch in allem. Ihr Maul ist röhrenförmig ausgebildet. Die Nahrung wird weder zerbissen noch zermalmt, sondern eingesaugt. Das Zungenbein erzeugt einen Unterdruck, und so werden Kleinkrebse, Larven, klitzekleine Fische und andere winzige Meerestiere mit einem starken Sog angezogen. Ein Ventil aus Haut kann die am Rücken befindlichen Öffnungen

Seepferdchen gehören zur Familie der Syngnathidae, der Seenadeln. Mit dem charakteristischen Knick im Hals sehen sie aber sympathischer aus als die eigentlichen Seenadeln.

der Kiemen bei der Nahrungsaufnahme verschließen, um dieses Saugschnappen zu ermöglichen. Durch Muskelkraft wird im Bindegewebe Spannung aufgebaut, die sich dann durch das Auslösen – als würde man mit einer Armbrust schießen – schlagartig entlädt, wobei extrem hohe Einsauggeschwindigkeiten erzeugt werden. Keiner der Winzlinge, die einer Seenadel vor die Schnauze kommen, vermag zu entwischen.

Da dieser Mechanismus nur über kurze Distanzen wirksam ist, müssen Seenadeln sich recht nahe an ihre Beute heranpirschen.

Der Knick im Hals der Seepferdchen stellt eindeutig einen Vorteil gegenüber den langgestreckten Verwandten dar: Ihre einzigartige Form ist ideal, damit der Kopf blitzschnell vorschnellen und Nahrung einsaugen kann.

Seepferdchen haben keinen Magen. Sie verdauen so schnell, dass sie nonstop fressen müssen, um nicht zu verhungern. Ihre Nahrung besteht vor allem aus Kleinkrebsen und winzigen Fischen. Solange sie selbst noch jung sind, fressen sie Planktonkrebse. Ein wenige Tage altes Seepferdchen braucht mehrere Tausend solcher Winzlinge pro Tag.

*

Wie bei allen Syngnathidae-Arten übernehmen auch bei den Seepferdchen die Männchen die Pflege der Eier. Je nachdem, wo am Bauch die Eier ausgetragen werden, in der Mitte oder eher am Schwanzende, teilt die zoologische Systematik die Seenadeln in zwei Unterfamilien ein: die einen tragen die befruchteten Eier unter dem Bauch aus (Nerophinae), die anderen unter dem Schwanz (Syngnathinae). Zu Letzteren gehören die Seepferde und die in der Ost- und Nordsee vorkommende Kleine Seenadel (*Syngnathus rostellatus*).

Beide leben vorwiegend monogam. Der Übernahme der Eier durch die Männchen gehen lange Flirtphasen voran, von Zoolog*innen ›Balz‹ genannt. Das Paar übt sich im Synchronschwimmen, im Hintereinanderherschwimmen. Es gibt ein täglich wiederholtes Begrüßungsritual, das zur Verstärkung der Bindung dient und dazu, bei der Paarung optimal koordiniert zu sein. Erst wenn die beiden einander gut kennen, erfolgt die Befruchtung.

»Bei jungen Seepferdchen misslingt der erste Paarungsversuch oft«, erzählt Daniel, »die Bewegungen müssen perfekt aufeinander abgestimmt sein, dazu bedarf es einiger Übung.«

Seepferdchen bewegen sich wenig und langsam. Ihre Rückenflossen, gestützt von 15 bis 60 biegsamen ›Flossenstrahlen‹, schieben sie mit wellenförmigen Bewegungen vorwärts. Die Brustflossen dienen dem Steuern. Bauchflossen oder Schwanzflossen sind keine vorhanden.

Erwachsene Seepferde sind weniger zart, als sie aussehen. Ringförmige Platten aus Knochensubstanz umgeben ihre Körper wie ein Panzer, das schränkt die Beweglichkeit des Rumpfes zwar ziemlich ein, macht es Fressfeinden aber schwer, sie zu fangen, im Maul zu halten und zu verschlucken. Ihre Greifschwänze sind nicht rund, wie die Schwänze der meisten Tiere, sondern quadratisch: 36 viereckige Segmente, verbunden durch die in der Mitte verlaufende Wirbelsäule und Gelenke. Bei Experimenten mit 3-D-Modellen erwies sich diese quadratische Form als druckresistenter und effizienter beim Festhalten.

*

Seepferdchen sind reine Meerwasserfische, in Süßgewässern kommen sie nicht vor, dort würden sie, künstlich eingesetzt, nach kurzer Zeit zugrunde gehen. Neuesten molekularen Analysen zufolge liegt die Wiege des Genus *Hippocampus* in der Gegend um den Indo-Australischen Archipel. Dort entstanden im Oligozän Gebiete mit niedrigem Wasserstand und entwickelten sich Habitate, in denen sich Wesen mit der Statur und Haltung von Seepferdchen gut verstecken und ernähren konnten: Seegraswiesen. In diesen Unterwasserlebensräumen haben sich vor 20 bis 25 Millionen Jahren die gemeinsamen Vorfahren der zeitgenössischen Seepferdarten von den langgestreckten Seenadeln abgespalten, wie 2021 ein internationales Forschungsteam herausfand.

Das Seepferdchen-Genom hat jedoch eine Besonderheit: Es entwickelt sich rasanter als das aller anderen Knochenfische. Seepferdchen haben enorm hohe Evolutionsraten, sie verändern sich also im Vergleich zu anderen Fischen relativ schnell. Das deutet darauf hin, dass sie sich rasch an neue Umgebungen anpassen können – zumindest was die Tarnung betrifft. Stacheln und andere Körperanhängsel, die sie dazu befähigen mit dem Hintergrund zu verschmelzen, verändern sich je nach Lebensraum. Seepferde verteidigen sich durch Verschwinden. Ihre Waffen sind das Unsichtbarwerden, das Sich-Verwandeln-in-Umgebung. Auch ihre Reglosigkeit gehört dazu.

Junge Seepferde bewegen sich durch Driften auf Ozeanströmungen fort. Daher ist das Entstehen neuer Arten oft auf Änderungen von Strömungsrichtungen oder auf tektonische Ereignisse zurückzuführen, die Meerespassagen öffnen oder schließen. Ob das Tethysmeer mit anderen Ozeanen in Verbindung stand oder nicht, beeinflusste beispielsweise die Entwicklung zahlloser Arten, unter anderem die der Seepferdchen. Die Tethys war ein Ozean, der zu der Zeit in der Erdgeschichte entstand, als die Kontinente noch zusammenhängend den Superkontinent Pangäa formten. Entlang der Küsten gab es flache Randmeere mit einer unglaublichen Vielfalt an Meereslebewesen. In dem Bereich, der heute Europa ausmacht, herrschte subtropisches Klima; es gab Korallenriffe. Vor etwa 150 Millionen Jahren brach Pangäa auseinander und die Tethys ver-

Eine Röntgenfotografie aus dem Jahr 1910 zeigt die Exoskelette einer Gruppe von Seepferdchen zwischen Unterwasserpflanzen.

änderte sich, aus Schelfgebieten wurden Tiefseebecken, die Kontinentalteile drifteten, bis sie die Plätze erreichten, die wir aus dem Atlas kennen.

Europäische *Hippocampus hippocampus* entstanden nach heutigem Wissensstand aus nordamerikanischen Linien, die über den Golfstrom aus dem Nordatlantik in den Ostatlantik gespült wurden, den sie im Pliozän (vor 5 bis 2,5 Millionen Jahren) kolonisierten. Bis heute ist der Golfstrom eine wichtige Route für die Ausbreitung von Seepferdchen.

Fossilfunde von Seepferdchen sind jedoch extrem selten. Die einzigen mir bekannten Funde stammen aus Slowenien und betreffen zwei mittlerweile ausgestorbene Arten, die nur anhand der fossilen Überreste beschrieben wurden: *Hippocampus sarmaticus* und *Hippocampus slovenicus*. Sie lebten vor circa 13 Millionen Jahren im Urmeer Paratethys zwischen Seegräsern und Makroalgen in seichten Küstengewässern.

Die Fundstücke wurden von zwei Geologen und einem Mediziner beschrieben. Ich stelle mir vor, wie erfreut sie gewesen sein müssen, ausgerechnet in einem kleinen Land wie Slowenien zwei bis dahin unbekannte Arten von Seepferdchen zu entdecken. Ich sehe ihren Stolz vor mir, als der Artikel in der paläontologischen Zeitschrift gedruckt war. Die Bilder der fossilen Tiere lassen die Größenverhältnisse leider nicht erkennen. Stünde da nicht, dass *H. slovenicus* ein Zwerg gewesen sein muss, könnte ich mir keine Vorstellung davon machen. Auf den Fotos sehen sie aus wie abgeknickte, flachgedrückte Pflanzenstängel mit einem Auge, das genauso gut ein Artefakt sein könnte, ein Druckfehler.

Babydrachen und Fabelwesen

Schon vor 6000 Jahren zeichneten die damaligen Einwohner*innen Australiens Geschöpfe, die stark an Seepferde erinnern. Sie haben gebogene, gefurchte Körper, schlangenähnlich, aber mit einem zur Brust gebeugten Kopf, schlauchförmigen Schnauzen, und einige von ihnen sind sogar mit einem sich schwanger ausbeulenden Bauch ausgestattet. Ob diese Malereien, die im Kakadu National Park in Arnhem Land, in der nordwestlichen Ecke Australiens zu sehen sind und bei Tourist*innenführungen mit dem Überbegriff ›Regenbogenschlangen‹ bezeichnet werden, tatsächlich als Darstellungen von Seepferden gedacht waren, weiß niemand.

Die britische Meeresbiologin und Autorin Helen Scales zitiert in ihrem umfassenden Buch *Poseidon's Steed* aus dem Jahr 2009 Archäolog*innen, die darauf hinweisen, dass viele Darstellungen der Regenbogenschlangen denen von Fischen ähneln, die im Deutschen Fetzen-Seenadeln oder Bänder-Nadelpferdchen heißen. Dabei handelt es sich um *Haliichthys taeniophorus*, eine Seenadel, die an der Küste des nördlichen Australiens vorkommt, beispielsweise bei Shark Bay. Das ist seit 1991 Welterbe der UNESCO. Hier ist der weltweit größte durchgehende Seegrasbestand, und wenn es auf der Erde noch ein Paradies für Seepferdchen gibt, ist es Shark Bay. Die Bänder-Nadelpferdchen, derer man dort im Wasser ansichtig wird, sehen unglaublich aus. Grüne Anhängsel sprießen aus

Fetzen-Seenadeln, auch Fetzenfische genannt, haben die Menschen aufgrund ihres unwirklichen Aussehens seit jeher fasziniert.

ihren schlanken Körpern, Petersilienblättern gleich – aber so sehe das nur ich, die Mitteleuropäerin. Das Tier versucht natürlich auszusehen wie Unterwasserpflanzen des Indischen Ozeans.

Am Anfang, als die Welt neu war, hatten alle Tiere die Fähigkeit zu sprechen, beginnt Helen Scales ihre Nacherzählung der Entstehungsmythologie des Seepferdchens in der Vorstellung der indigenen Seri in Mexiko. Auf Tiburón Island, der ausgedehntesten Insel im Golf von Mexiko, lebte einst das Seepferd, ein wohlgenährter Kerl und ein etwas anrüchiger, hinterlistiger Typ. Eines Tages tat er etwas Schreckliches, das das kollektive Gedächtnis der Seri heute vergessen hat. Sicher ist: Es war unverzeihlich und alle anderen Tiere wollten sich an ihm rächen. Seepferd musste fliehen, rannte vor der Meute davon, die ihn mit Steinen und Felsbrocken bewarf, sodass er am ganzen Körper Wunden davontrug und die Haut in Fetzen an ihm herunterhing, als er den Strand erreichte. Da es keinen anderen Ausweg gab – die ihn verfolgten, waren ihm dicht auf den Fersen –, steckte er seine Sandalen in den Gürtel und sprang ins Wasser. Bis heute tragen Seepferdchen folglich eine kleine Flosse an der Stelle, wo der Ahne die Sandalen verstaut haben soll, bevor er für immer in die Fluten verschwand.

Ein Freund schickt mir zwei Seiten aus dem *Buch der imaginären Wesen* des argentinischen Schriftstellers Jorge Luis Borges, der darin über das Seepferdchen schreibt:

> *Im Gegensatz zu anderen Tieren der Phantasie entspringt das Seepferd nicht der Kombination verschiedenartiger Elemente; es ist nichts weiter als ein wildes Pferd, das im Meer zuhause ist und das Festland nur betritt, wenn die Brise in mondlosen Nächten den Geruch der Stuten zu ihm trägt.*

Obwohl Borges dem Tier Einheit mit sich selbst zugesteht, bleibt es im weiteren Text doch eher ungreifbare Schimäre und den Erzählungen von *Tausend und eine Nacht* zugeordnet als ein tatsächliches Lebewesen. Unheimlich prophetisch wirkt da ein »Reisender aus dem 18. Jahrhundert« namens Wang Tai-hai, der von Borges mit der Aussage zitiert wird, das Seepferdchen käme an die Küste, um ein Weibchen zu suchen, und manchmal werde es dabei gefangen genommen.

Die griechische Mythologie prägte den Namen Hippokamp. Sie entstünden laut der Überlieferung aus den Schaumkronen der Wellen und galten als unsterblich. Dennoch erhielten sie nie eine Hauptrolle, wie es Helen Scales formuliert. Sie trotteten auf Vasen und Wandmalereien im Hintergrund vorbei, beritten von Nereiden – Nymphen, die in Höhlen am Meeresgrund leben, Schiffbrüchige retten, aber auch Seefahrer in Verwirrung stürzen. Auch als Zugtiere für die Kutschen von Meeresgöttern – allen voran Poseidon, der Bruder von Zeus – darf man sie sich vorstellen: halb Fisch, halb Pferd, wobei der vordere pferdhafte Teil manchmal über Flügel verfügt, der Rumpf oft eine Rückenflosse aufweist und ein wenig eingerollt ist. Auch in Homers *Ilias* wird beschrieben, wie Poseidons Streitwagen von Pferden über die Meeresoberfläche gezogen wird – auch sie Hippokampen?

Kuratorin Manuela Laubenberger aus dem Kunsthistorischen Museum Wien kennt Hippokampen aus vielen Kunstwerken. Sie führt mich durch die Räume der Antikensammlung und zeigt mir ein 5 mal 2 Zentimeter kleines Plättchen aus Bein, datiert auf das 3. bis 5. Jahrhundert. Neben einer Nereide ist ein fischschwänziges Seepferd eingraviert und gemalt. Nackt sitzt die Nymphe auf den Wellen wie in einem bequemen Stuhl, einen Mantel, den sie über ihrem Kopf in den Wind hält, benutzt sie als Segel. So treibt sie von Meeresgott Triton weg, der seinerseits mit einem Fischschwanz ausgestattet ist und auf dem Kopf die Zangen eines Hummers trägt. Er wirkt unbeweglich und gelassen, während die beiden anderen fortstürmen.

Hippokampen bevölkern diverse Ausstellungsstücke: Etwa 4 Friesplatten, die einst auf dem südlichsten der 7 Hügel, auf denen Rom erbaut wurde, dem Aventin, gefunden wurden. Auf Ringen aus dem 1. Jahrhundert vor Christus sind Nereiden in

Hippokampen bevölkern seit vielen Jahrhunderten nicht nur Gemälde und Brunnen. Hier sehen wir das Fantasietier in einer Darstellung von Anselmus Boëtius de Boodt aus dem 16. Jahrhundert.

den orangefarbenen Schmuckstein Karneol graviert. Dazu kommt eine Münze aus Silber, ebenfalls römisch, aus dem Jahr 209, die auf der Vorderseite ihren Prägeherrn Septimius Severus zeigt, auf der Rückseite aber einen Meeresgott, der Muscheln und Ruder in den Händen hält. Zu seinen Füßen befindet sich ein Seepferd. Und dann noch ein Schmuckstück aus dem 1. Jahrhundert nach Christus. Es zeigt ein Seepferd endlich reiterlos – mit Flügeln, aber auch einem Ringelschwanz, der an den eines echten Seepferdchens erinnert. Gleichzeitig verfügt es über eine Schwanzflosse – oder gehört die einem anderen Wesen dahinter?

Die mythischen Hippokampen sind keine Seepferde im zoologischen Sinn, und Seepferdchen wären nicht imstande, die

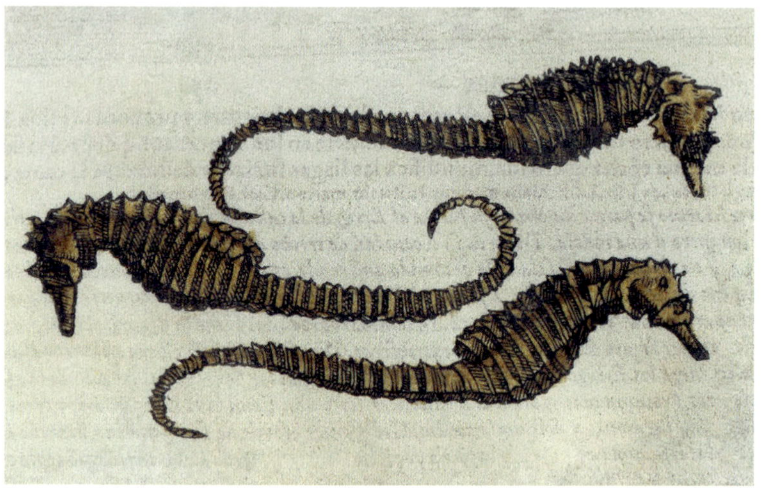

Pietro Andrea Mattioli illustrierte seine italienische Übersetzung des medizinischen Standardwerks De materia medica *im 16. Jahrhundert unter anderem mit lebensecht dargestellten Seepferdchen.*

Kutsche des wilden Poseidon oder später seines römischen Nachfolgers Neptun zu ziehen. Seit der Renaissance werden die Meerestiere aber durchgängig in latinisierter Form nach dem Fabelwesen benannt. Fortschritte in der Medizin brachten in dieser Zeit auch ein zunehmendes Verständnis für Taxonomie mit sich, schließlich musste man wissen, welche Stoffe aus welchen Pflanzen oder Tieren gesundheitsfördernd wirken.

Eins der ersten überlieferten Bilder eines lebensechten Seepferdchens ist daher ein Holzschnitt aus dem 16. Jahrhundert aus der italienischen Übersetzung des pharmazeutischen Standardwerks *De materia medica*. Diese Liste medizinisch wirksamer Pflanzen, Substanzen und Tiere ist das Werk von Pedanius Dioscorides, der als Arzt in der römischen Armee unter Kaiser Nero tätig war. Das fünfbändige Buch zirkulierte in Form handschriftlicher, illustrierter Kopien und stellte von seiner Entstehung um 50 bis 70 n. Chr. bis zur Renaissance das Standardwerk zur Heilung von Krankheiten dar. Aufgrund der akkuraten Beschreibungen von 600 Pflanzenarten diente es über die Jahrhunderte gleichermaßen als botanisches Lehrbuch.

Pietro Andrea Mattioli, ein 1501 in Siena geborener Botaniker und Arzt, übersetzte *De materia medica* ins Italienische. Dabei fügte er auch eine Reihe von Pflanzenarten hinzu, die er gerade selbst beschrieben hatte. Die präzisen Holzschnitte in seiner Ausgabe erleichterten die Bestimmung der beschriebenen Organismen ungemein. Einer davon zeigt mediterrane Seepferdchen.

Im Barock tauchen die Hippokampen in den Brunnen mitteleuropäischer Städte auf, zum Beispiel gleich zu viert im großen Residenzbrunnen der Stadt Salzburg. Seit 1661 speien sie dort in den frostfreien Monaten Wasser aus Nüstern und Mund, geschaffen aus Untersberger Marmor, einem Kalkstein, der so heißt, weil er sich wie Marmor polieren lässt. Als monumentales Auftragswerk für Fürsterzbischof Guidobald Graf von Thun und Hohenstein wurde er erbaut, bis heute ist er eine häufig fotografierte Tourismusattraktion. Oberhalb der Hippokampen tragen 4 nackte Männer eine Schale, in der 3 Fische – angeblich Delfine, auch wenn sich mir diese Zuweisung nicht erschließt – noch eine Schale tragen, in der ganz oben ein Triton steht. Er speit Wasser in die Luft, wie die Hippokampen. Im Becken tummeln sich außerdem Schildkröten, Eidechsen, Schlangen, Schnecken und Frösche.

Nun bin ich neugierig, wie es im 17. Jahrhundert weitergeht. Steckt jeder Maler, der auf sich hält, Hippokampen in seine Gemälde?

Gegen Ende des 16. Jahrhunderts begann in den Niederlanden etwas Beispielloses: Rund 700 Maler stellten jährlich 70 000 Gemälde hervor. Es war die Zeit Rembrandts, das sogenannte Goldene Zeitalter (niederländisch: *Gouden Eeuw*), eine rund hundert Jahre anhaltende wirtschaftliche und kulturelle Blütezeit. Die Niederländer fertigten damals mehrere Millionen Gemälde an, weshalb fast jedes Kunstmuseum heute einige davon besitzt. Der durch den Handel als weltumspannende Seemacht erlangte Reichtum brachte viele Kaufleute dazu, Bilder in Auftrag zu geben und sich malen zu lassen. Gleichzeitig wurde die Universität Leiden gegründet und das Land entwickelte sich auch zu einem Zentrum des Wissens. Die Religionsfreiheit zog zudem talentierte Menschen an, die in anderen Staaten verfolgt wurden.

Ich besuche das Rijksmuseum in Amsterdam, um in den Meisterwerken des Goldenen Zeitalters nach Seepferden zu suchen. Ich streife durch die Säle, durchschreite Stockwerk um Stockwerk des schier endlosen Museums – und werde nicht fündig. Der Zufall genügt nicht. Also frage ich eine Frau, die seit Jahren dafür zuständig ist, in diesem großartigen Museum Bilder aufzuhängen, Ausstellungen auf- und wieder abzubauen, Renate Schoon. Gibt es im Rijksmuseum Amsterdam, dem Nationalmuseum einer Seemacht, Seepferde? Hängen sie irgendwo in einer Nische? Spontan erinnert sie sich nicht, schon einmal das Bild eines Seepferdchens an die Wand gehängt zu haben. Eine Suche im Datenbestand der Sammlung ergibt aber einige Treffer.

In der Darstellung von Adam Fuchs (1526–1606) nach Giovanni Andrea Maglioli hat das Seepferd einen auffallend langen gewundenen Schwanz.

Da ist ein Neptun mit einem Seepferd, wie es in der Erklärung heißt, obwohl es mir verdächtig wie ein Hippokamp vorkommt, gemalt von Maarten van Heemskerck um 1550, Öl auf einer Platte aus Eichenholz, die Maserung ist deutlich sichtbar. Den auf dem Gemälde abgebildeten Moment wird das Seepferd nicht überleben: Neptun ersticht es gerade mit seinem Dreizack.

Das nächste ist ein Druck aus ungefähr derselben Zeit: Ein geflügeltes Seepferd, relativ groß, circa 100 mal 50 Zentimeter, angefertigt von Adam Fuchs nach Giovanni Andrea Maglioli. Dieses Wesen hat einen bemerkenswerten Schwanz, lang und gewunden, der in ein Blatt mündet.

Weiters gibt es in Holzschnitttechnik auf japanisches Papier gedruckte Vignetten aus dem 19. Jahrhundert, auf denen zwei stilisierte Seepferdchen die Schnauzen zusammendrücken wie

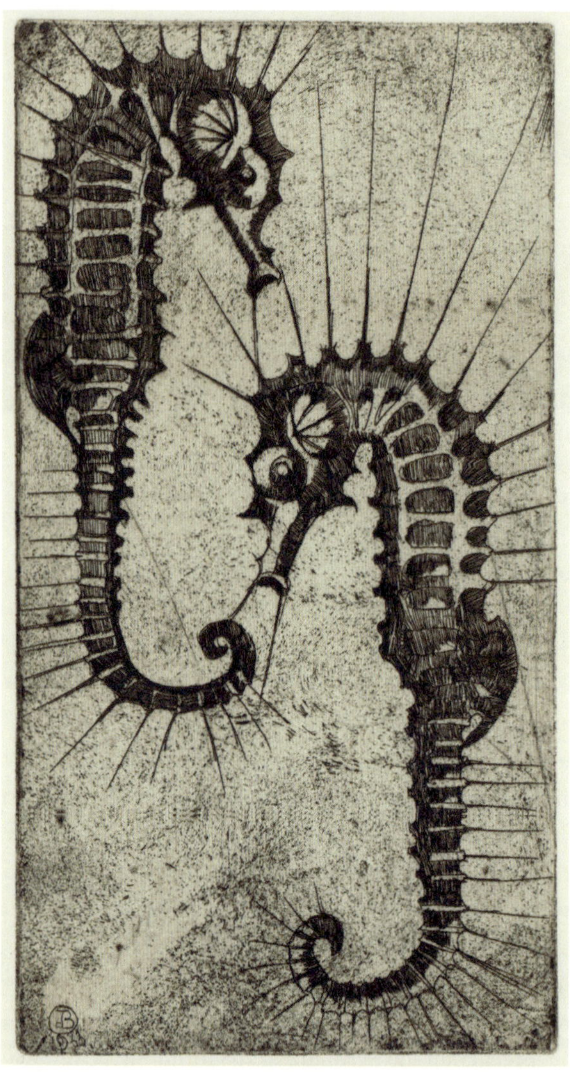

Jeanne Bieruma Oosting zeigte Seepferdchen mit Liebe zum Detail und Blick für ihr ästhetisches Potenzial.

im Kuss. Auffallend sind die Drucke, Zeichnungen, Holzschnitte und Skizzen von Jeanne Bieruma Oosting aus den 1950er-Jahren. Sie stellte Seepferde mit einem genauen Blick für körperliche Details dar. Eine Radierung zeigt zwei Exemplare, einander zugewandt, aber ohne sich zu berühren. Obwohl wie bei einem Röntgenbild die Skelette sichtbar sind, wirken sie lebendig und zeigt das Bild ihr Potenzial zum Dekoobjekt ebenso wie die unverwechselbare Identität jedes einzelnen Tieres.

*

Obwohl die Hippokampen mythische Figuren sind, erfahren sie doch eine Realisierung im Leben aller Menschen. Im 16. Jahrhundert entdeckte der venezianische Anatom Julius Caesar Arantius im menschlichen Gehirn eine Struktur, die in ihrer Form einem kopflosen Seepferd ähnelt, weshalb er vorschlug, sie Hippocampus zu nennen. Die Bezeichnung überzeugte ihn selber offenbar nicht ganz, denn er fügte noch zwei Alternativen hinzu, ›Seidenwurm‹ nach der Raupe des Seidenspinners, oder ›Widderhörner‹. Sein erster Einfall setzte sich jedoch durch. Jeder Mensch hat also, bildlich gesprochen, zwei Hippokampen im Schädel. Sie speichern nach heutigem Wissensstand Erinnerungen, das heißt, sie übertragen Inhalte vom Kurz- ins Langzeitgedächtnis. Wenn sie zerstört oder verletzt sind, können keine neuen Erinnerungen gebildet werden. In den Hippocampi des Hirns fließen Erfahrungen diverser sensorischer Systeme zusammen, werden verarbeitet und zur Großhirnrinde geschickt.

Ein Teil des Hippocampus generiert ständig neue Neuronen und fügt sie in bestehende Schaltkreise ein, das ganze Leben lang. Ist diese Neurogenese gestört, könnte das Depressionen nach sich ziehen. Auch für die räumliche Orientierung sind die Hippocampi wichtig, nicht nur bei Menschen, auch bei anderen Wirbeltieren, wie Reptilien, Amphibien und Vögel. Sie koordinieren beispielsweise die innere Landkarte, die man von einer Stadt hat. Sind sie beschädigt, fällt es schwer, Wegbeschreibungen zu geben.

Vielleicht sind die Seepferdchen Hippocampi der Ozeane, Wegweiser, die uns helfen, die Meere besser zu verstehen und so mit ihnen umzugehen, dass Fische unversehrt ihrer Wege schwimmen können.

Für mich geht es auch darum, den Drachen in unseren Köpfen ins Auge zu sehen.

Ein Fluss zum Durchsehen

Die Tradition, Fische zum Vergnügen zu halten, stammt wahrscheinlich aus dem antiken Ostasien. Schmuckvarianten aus der Familie der Karpfen wurden dort in Keramikschüsseln zur Schau gestellt. Im 17. Jahrhundert gelangte das Phänomen Fischhaltung nach England. Zierteiche wurden angelegt. Ab und zu wurden Fische in Vasen und bauchige Schalen gesteckt, die kaum größer waren als sie selbst, und in den Wohnungen aufgestellt. In diesen Behältern konnten die Wassertiere allerdings nur von oben beobachtet werden.

Erst im 19. Jahrhundert erlaubten flache durchsichtige Glasplatten ohne störende Einschlüsse eine klare, unverzerrte Seitenansicht. Es wurde möglich, eine Unterwassergemeinschaft zu betrachten, ohne selbst nass zu werden, sogar ohne einen Fuß vor die Tür zu setzen. Viktorianische Familien hatten gern Vivarien in ihren Wohnungen – Glasbehälter mit exotischen Pflanzen oder Tieren, zur Dekoration, aber auch als kultivierte Freizeitbeschäftigung.

Erheblich für den Fisch-Enthusiasmus im viktorianischen London war der Einfluss des Naturalisten und Meeresforschers Philip Henry Gosse. Bereits 1844 machte er mit seinem Buch *The Ocean* Furore. Es basierte auf den Erkenntnissen des Entdeckers Sir James Clark Ross, der seit 1818 wiederholt durch den Pazifik und die Arktis gereist war und dabei eine Vielfalt von Flora und Fauna entdeckt hatte.

Im Kielwasser des Erfolgs von *The Ocean* wurde Henry, wie ihn seine Freunde nannten, von einem wohlhabenden Briten auf eine Reise nach Jamaika eingeladen – unter der Bedingung, dort Muscheln zu sammeln. Diese Expedition inspirierte ihn zu einer Reihe weiterer Publikationen, nicht zuletzt einem Werk über die Vögel Jamaikas. Alle seine Bücher waren erfolgreich. Damit stabilisierte sich seine finanzielle Situation und er tat, was Gentlemen damals taten, wenn sie etwas Geld auf der Seite hatten – er heiratete. Zehn Monate nach der Hochzeit mit der aus einer altenglischen Familie stammenden, streng christlichen Emily Bowes kam ein Sohn zu Welt.

Henry litt oft an starken Kopfschmerzen. Zu deren Linderung verbrachte er mit seiner Familie mehr und mehr Zeit außerhalb Londons, an der Küste Devons. Bei diesen Ausflügen entdeckte er einerseits den Charme der marinen Fauna und Flora Englands, andererseits fing er an, damit zu experimentieren, wie Meereslebewesen über längere Zeit hinweg in einem Aquarium am Leben zu halten wären.

Dabei waren ihm die Arbeiten von Lady Anna Thynne äußerst nützlich. Ihr war es bereits 1846 gelungen, ein stabiles Aquarium für Schwämme und Korallen zu bauen. Sie, deren erste Liebe eigentlich die Geologie gewesen war, hatte Steinkorallen von einem Urlaub mitgebracht. Hingerissen von diesem Etwas, das aussah wie ein Stein, aber lebte, versuchte sie, es in ihrem Londoner Zimmer unweit von Westminster Abbey, wo ihr Mann Reverend war, am Leben zu halten. Anfangs ließ sie sich Meerwasser von der Küste liefern und sättigte es selbst mit Sauerstoff, indem sie es immer wieder zwischen verschiedenen Behältern hin und her goss. Dann hatte sie die Idee, Algen in den Aquarien zu pflanzen. Da die Pflanzen das Wasser mit Sauerstoff versorgten, gelang es ihr auf diese Weise, das erste ausbalancierte Aquarium Londons zu gestalten. Die gesammelten Korallen überlebten darin ungeahnte drei Jahre.

Anna Thynne führte ein offenes Haus, zahllose Neugierige und angehende Naturforscher, darunter wahrscheinlich Henry Gosse, besuchten sie, um sich ihre Techniken anzueignen.

Diese frühen Aquarien trugen dazu bei, die wissenschaftliche Disziplin der Ökologie voranzutreiben. Langsam etablierte sich ein Verständnis für die Kreisläufe unter Wasser und es gelang, Tiere und Pflanzen länger am Leben zu halten als bisher. Dass Fische Sauerstoff aus dem Wasser aufnehmen und Kohlendioxid ausstoßen, Pflanzen hingegen CO_2 aufnehmen und Sauerstoff abgeben, waren damals neue Erkenntnisse. Mit diesem Wissen versuchte man, Systeme zu bauen, die sich selbst in Balance hielten.

In seinem populären Naturführer *A Naturalist's Rambles on the Devonshire Coast* (1853) enthusiasmierte Henry Gosse die Leute dafür, am Strand zu beobachten, was in den Pfützen lebte, und lud zum Entdecken der heimischen Küste ein. Das Buch enthielt achtundzwanzig wunderschöne Zeichnungen, angefertigt von ihm selbst mit viel Geschick und Liebe zum Detail. Insgesamt 240 Meerestiere sind darauf dargestellt, manchmal vergrößert, wie Henry sie durch sein Mikroskop sah.

Viele Leser*innen, die bis dahin Federn, Schmetterlinge und getrocknete Pflanzen mit nach Hause genommen hatten, stürmten nun mit Behältern an den Strand, in denen sie Lebewesen für ihre Wohnzimmeraquarien sammelten.

Das erste öffentliche Aquarium Europas gab es dann auch in

London. Das Fish House der Zoological Society in Regent's Park öffnete im Mai 1853 seine Tore, um einige der Lebewesen zu zeigen, die Philip Henry Gosse gesammelt hatte. Seine Erfahrungen mit der Haltung von Meerestieren in Glascontainern bildeten die sachkundige Basis für die Gründung des Fish House. Technisch war es nun möglich, große Glasplatten anzufertigen, aus denen mit Holz eingefasste rechteckige Behälter gezimmert wurden, ›see-through-rivers‹, in denen das Publikum beobachten konnte, was da wie lebte.

›Aquarium‹ nannte Gosse diese Behälter. Er fand den Ausdruck ›Aquatic Vivarium‹, wie sie zuerst hießen, ungelenk und zog die beiden Wörter zum eleganten Kofferwort zusammen. Der Ausdruck gefiel ihm so sehr, dass er ihn auch gleich als Titel seines Buchs *The Aquarium* verwendete, das 1856 erschien. Mit dem Band, in dem er detaillierte Instruktionen lieferte, wie ein Aquarium einzurichten sei, löste er in der viktorianischen Gesellschaft einen wahren Boom aus. Alle wollten Aquarien!

Als Henry Gosse dann an einem Tag im Mai des Jahres 1859 vier Seepferdchen im Fish House zur Schau stellte, erreichte die Begeisterung der Londoner Bevölkerung einen neuen Höhepunkt. In Scharen strömten die Menschen heran. Alle wollten die geheimnisvollen Tiere mit eigenen Augen sehen. *Seahorse-watching* wurde zu einem beliebten Hobby. Und viktorianische Damen hielten die attraktiven Wesen gern in mit antiken Artefakten dekorierten Aquarien. Die von einem Mr. Pinto in Portugal an der Mündung des Flusses Tejo gefangenen und in einer siebentägigen Zugreise nach London transportierten Tiere gaben den Ausschlag dafür, dass die Faszination für Aquarien sich rasend schnell in ganz Europa ausbreitete. Es waren

In Aquarien eroberten Seepferdchen die Herzen der viktorianischen Gesellschaft Englands. Bis heute sind sie der Höhepunkt jedes Aqua-Zoos.

Jahre, in denen von überallher Schiffsladungen voll exotischer Lebewesen nach Europa gebracht wurden, und manch einer wurde mit dem Verkauf solcher Pflanzen und Tiere reich. Ob Mr. Pinto für seinen Fang fürstlich entlohnt wurde? Fest steht: Er vollbrachte den Transport vermutlich vorwiegend schlaflos, da er die vier Seepferdchen in mit Meerwasser gefüllten Glasbehältern hielt, die er regelmäßig per Hand mittels einer Spritze mit frischem Sauerstoff versah.

Anfang des 20. Jahrhunderts entwickelten die Glasbläser der Insel Murano in Venedig dann eine besondere Kunstfertigkeit darin, Schmuckstücke in Form von Miniaquarien herzustellen. Wie der 1912 geborene Alfredo Barbini, der mit seiner *vetro-sommerso*-Technik berühmt wurde, bei der er Elemente aus knallbuntem Glas nahtlos in einen durchsichtigen Block integrierte. Von ihm existiert ein kleines Aquarium, 23 mal 23 Zentimeter, darin schwimmen diverse Fische, ein Kalamar, ein Oktopus und ein graubraunes Seepferd, es wirkt überraschend echt, als wäre es lebendig in Glas gegossen worden.

*

»›Gefangenschaft‹ darfst du niemals schreiben«, erläutert mir Daniel, »man nennt das ›unter menschlicher Obhut‹.« Die Tiere im Wiener Haus des Meeres sind hier geboren, sie kennen nichts anderes, und ihre Überlebensrate ist um viele Male höher, als sie es im Ozean je sein könnte. Daniel und alle Mitarbeiter*innen tun hier alles dafür, es den Seepferden angenehm zu machen. Ein Vorteil bei ihrer Haltung in Aquarien ist es, dass sie von Natur aus geringen Bewegungsdrang haben und ihnen ein Leben in beschränktem Wohnraum demnach nicht allzu beschwerlich wird; solange das Becken tief genug ist, das Futter frisch genug und etwas vorhanden, um den Schwanz darum zu wickeln, fühlen sie sich wohl. Naturgemäß kann ich selber nie genug Seepferd werden, um wirklich zu wissen, wie es ihnen in einem Aquarium geht. Ich werde immer denken: Mir würde es dort schlecht gehen, sogar mit unerschöpflicher Sauerstoffflasche und dem perfekten Tauchanzug.

Das Zee Aquarium im niederländischen Bergen aan Zee liegt in den Dünen, nur einen Steinwurf von der Nordsee entfernt. Ich komme mit dem Fahrrad durch die an dieser Stelle besonders ursprünglich erhaltene Landschaft, in der die Berge aus Sand bestehen, bis zu 40 Meter hoch sind und ein Relief bilden, das für hiesige Verhältnisse ansehnliche Berg- und Talfahrten möglich macht. Hier wächst auch Heidekraut, der geringe Kalziumgehalt im Boden macht es möglich, mischt trockene lila Störungen in die Grüntöne.

Unter dem Skelett eines Pottwals, lang wie ein Haus, betrete ich das privat geführte Aquarium. Zwei Seehunde in einem Freiluftgehege sind die Attraktion. Auch Rochen gibt es, die in einem offenen Becken hin und her schweben, sobald sie sich dem Rand und der Oberfläche nähern, dürfen sie gestreichelt werden.

Ich suche natürlich nach etwas anderem.

In einer Reihe von Aquarien mit verschiedensten Fischen und Meerestieren aus aller Welt befindet sich eines, in dem eine oberhalb montierte Tafel *Hippocampus erectus* verspricht. Auf den ersten Blick sehe ich nur Korallen, den mit Sand und kleinen Steinen bedeckten Boden, einige Unterwasserpflanzen. Das Becken ist etwa 80 mal 100 Zentimeter groß, Seepferdchen

Die deutliche sichtbare Bauchtasche von Männchen der Gattung Hippocampus *wurde bereits im 19. Jahrhundert oft dargestellt.*

kann ich keine entdecken. Ich warte einige Minuten, gewöhne meine Augen an die milden Farben und Grautöne, die in diesem überschaubaren Lebensraum herrschen. Plötzlich ist eins da, wie von Zauberhand hineingesetzt. Mir ist es ein Rätsel, wie ich es vorher übersehen habe können, ist es doch an die 11, 12 Zentimeter lang und eigentlich unübersehbar. Es ist ein Weibchen, von Bauchtasche keine Spur. Es schwebt auf und ab im Aquarium, wirkt gewichtslos, als gäbe es in dem Becken keine Gravitation. Beim genaueren Hinschauen sehe ich, die Rückenflossen, zart und fast durchsichtig, fächeln irre schnell, unaufhaltsam. Sie sucht. Frisst. Glaube ich. Wieder und wieder legt der Schwanz sich in einem Halbkreis auf den Grund des Aquariums, scheint das Tier dort zu verankern, flach gegen den Sand gedrückt. Dann steigt es langsam auf, lässt sich wieder sinken, drückt den Schwanz an den Sand. Es hält sich fest, ohne etwas zu umklammern. Das wusste ich nicht, dass es das kann. Das habe ich bisher nirgendwo gelesen.

Das gestreifte *Hippocampus erectus* gilt als leicht zu halten und zu züchten und ist folglich ein beliebter Aquarienfisch. In China wird es in groß angelegten Zuchtprogrammen aufgezogen, sowohl zu Versuchszwecken als auch für den Konsum. Es ist weniger heikel als viele andere Arten, verträgt gefrorenes Futter relativ gut, braucht nicht unbedingt lebendes Zooplankton. Seinen Namen hat es von den hellen Linien, die den Körper vertikal und gestrichelt überziehen. Die Tiere sind sehr variabel, im Aquarium vor mir braun, sie können aber auch gelb sein, fast weiß oder dunkelgrün. In ihrem natürlichen Lebensraum, dem westlichen Atlantik, bevorzugen sie eher seichtes Wasser von nicht mehr als 70 Zentimetern Tiefe.

Die meisten Arten von Seepferdchen findet man in den warmen Meeren auf der Südhalbkugel der Erde. Hippocampus abdominalis *lebt südöstlich Australiens und um Neuseeland.*

Die Seepferdfrau fängt an, mir leidzutun. So ganz allein. Ich frage mich, ob sie müde ist, einen Ruheplatz sucht? Es ist später Nachmittag, zwar wird die Sonne draußen im nordischen Sommer noch lange nicht untergehen, aber hier drinnen ist der Rhythmus von Kunstlicht gesteuert. Womöglich beginnt für die Fische die Nacht mit der Schließzeit, sobald die Schubladen der Kassen versperrt, die menschlichen Besucher*innen fort sind. Ich beobachte, wie sie in das kleine Wäldchen aus Weichkorallen in der Mitte des Tanks gleitet, das Schwänzchen um einen Zweig schlingt, bewegungslos verharrt. Dann loslässt, schwebt.

Und plötzlich ist ein zweites Seepferdchen da, größer als sie, mit ausgeprägter Bauchtasche: das Männchen.

Die beiden nähern sich einander, schwimmen Auge in Auge, schwimmen knapp nebeneinander, berühren einander nicht, berühren einander doch. Kurz verwickeln sich die Schwänzchen, ganz kurz. Sie lassen wieder los, schweben parallel zueinander, drücken die Schwänzchen parallel zueinander auf den Sand. Es dauert nicht lang, dann sind sie weg. Verschwunden, weggezaubert. Das Becken scheint leer.

Das Zee Aquarium stellt noch eine zweite Art von *Hippocampus* zur Schau, die europäische *guttulatus*. Europäische Arten sind schwerer zu züchten und zu halten und daher selten in öffentlichen Aquarien zu finden. Tropische Verhältnisse sind einfacher herzustellen als die veränderliche Dynamik der Jahreszeiten, an die europäische Organismen angepasst sind. Was übrigens auch ein Grund dafür ist, warum in Schmetterlingshäusern stets tropische Arten zu sehen sind, nie in Europa heimische Falter.

Das Langschnäuzige Seepferd *Hippocampus guttulatus* kommt auch in der Nordsee vor, womöglich sogar in den Wellen, die etwa 50 Meter vor dem Eingang des Aquariums den Strand benetzen. In diesem Fall befinden sich mehrere Exemplare zusammen mit diversen anderen Fischen in einem Becken. Die Seepferde bewegen sich nicht, sie klammern sich an ein grünes Netz, das genau zu diesem Zweck angebracht ist: Dekor und Lebensraum zugleich.

Erzähle ich, worüber ich schreibe, reagieren meine Gegenüber oft so, dass ich merke, sie denken, es handle sich um exotische Tiere, die in unseren Ländern nicht vorkommen. Darauf muss ich antworten: Aber Seepferdchen leben in Deutschland. Sie leben in Belgien, Bulgarien, Estland, Frankreich, Griechenland, Holland, Italien, Kroatien, Montenegro, Moldau, Portugal, Lettland, Litauen, Rumänien, Spanien, in der Ukraine, in Russland. Oder zumindest lebten sie da einmal. *Hippocampus guttulatus* schwimmen vor Mariupol, oder könnten da schwimmen.

Es gibt sogar eine Sonderedition der ukrainischen Zwei-Hrywnja-Münze aus einer Nickel-Silber-Legierung, auf die das Bild einer 1937 beschriebenen Unterart des Langschnäuzigen Seepferdchens aus dem Schwarzen Meer geprägt ist, mit vollem Namen *Hippocampus guttulatus microstephanus.* Sein Schwanz umwickelt Seegras.

Alltag in Seegraswiesen und Riffen

In unseren Vorlieben für gewisse Gebiete der Erde haben wir viel mit den Seepferdchen gemeinsam. Flache Küstengebiete mit transparentem, nicht zu kaltem Wasser, ausgedehnten Seegraswiesen, Lagunen, Mangrovenwäldern, Korallenriffen – überall dort, wo Menschen gern Urlaub machen und ihre spärlichen Schwimmkünste ausüben, wären Habitate für Seepferdchen.

Ich schreibe ›wären‹, weil diese Lebensräume rasant verschwinden.

Ich schreibe im Konjunktiv, weil Seepferdchen nicht beschließen können, im Sommer einige Woche in den Alpen zu verbringen, sich auf weißen Bergspitzen von den in ihre Bucht geleiteten Abwässern und den Menschenmassen zu erholen, sie können keine Eisenbahn nehmen, die sie auf eine unbewohnte Insel brächte, wo die Mangrovenwälder noch intakt wären, kein Flugzeug, das sie an einen Strand bringt, wo weder Hotels oder Ferienhäuser für Primaten gebaut werden, noch Schutt aus Baugruben ins Meer gekippt wird.

Es wäre schön, an dieser Stelle etwas Ermutigendes zu schreiben, eine Lösung zu haben, ein Rezept. Tu dies und das. Kauf kein Ferienhaus. Kauf ein Ferienhaus nur, wenn ... Buche einen Tauchurlaub. Buche keinen Tauchurlaub. Iss Fisch. Iss keinen Fisch. Iss nur bestimmte Fische. Informiere dich genau beim Fischkauf. Gehe demonstrieren. Besetze Schiffe. Verlange Gesetzesänderungen. Verlange ein Verbot für den Bau von Schiffen. Verlange, dass Fische wieder wie Götter verehrt werden. Verehre Fische wie Götter.

Gar nicht weit von hier, im Mittelmeer, dort, wo Albanien an Griechenland grenzt, gab es vor dreißig Jahren kilometerlang leere Strände. Leer im Sinn von unbebaut, die Hotels konnte ich an einer Hand abzählen. Unter Wasser gab es ausgedehnte Seegraswiesen. Dort wickelten Seepferdchen ihre Schwänze um blühende Stängel, jagten still und langsam nach Garnelen. Als ich zehn Jahre später wiederkam, erkannte ich die Gegend nicht mehr wieder. Da stand ein Hotel neben dem anderen. Wir dürfen doch auch unsere Strände zubetonieren, sagte eine Freundin damals, als ich meinem Entsetzen Ausdruck verlieh. Ihr habt das seit Jahrzehnten gemacht. Dürft ihr, nickte ich.

Ein Streben bei der Recherche für dieses Buch war es, klare Hinweise von Expert*innen zu bekommen, was jede*r einzelne von uns tun kann, damit es den Seepferdchen besser geht; den Algen, dem Plankton. Um dann Handreichungen zu formulieren, idealerweise eine Liste zum Abhaken, wie beim Zähneputzen: Bürste, Zeit, Zahnseide, Spülung. Aber so funktioniert es in den Ozeanen nicht.

Dabei geht es nicht um Schuld. Kein Kind ist schuld daran, dass es Fischstäbchen mag. Wir sind Tiere. Und Tiere müssen fressen, um zu überleben. Trotzdem gäbe es theoretisch genug Nahrung für alle, ohne dass wir dafür die Ozeane ausbeuten müssten.

Das hätte Charles Darwin erstaunt, der sich von einem Essay über das Wachstum der menschlichen Bevölkerung in Bezug auf die vorhandene Nahrung zu seiner Evolutionstheorie in-

Seepferdchen brauchen flache Küstenbereiche mit klarem Wasser und reichlich Bewuchs von Seegräsern und Makroalgen. Brehms Tierleben *stellt sie in so einem Lebensraum dar.*

spirieren ließ. Der Ökonom und Demograf Thomas Malthus veröffentlichte 1798 einen Aufsatz, in dem er argumentierte, demografisches Wachstum ginge immer schneller als die Nahrungsproduktion. Darwin hatte daraufhin den Gedanken, dass folglich Lebewesen, denen es schneller gelang, neue Nahrungsquellen zu erschließen, eine höhere Überlebenschance hatten. So weit, so mechanistisch. Malthus repräsentiert einen ökonomischen Pessimismus, dem ich mich nicht anschließen will.

Als Darwin geboren wurde, lebten circa eine Milliarde Menschen auf der Erde; mittlerweile sind es achtmal so viel. Es gibt folglich auch so viele Umweltschützer*innen und Meeresbiolog*innen wie noch nie. Keine*r der Expert*innen, die ich befragt habe, wusste mir jedoch eine Richtlinie zu geben, wie die Umweltprobleme zu lösen seien. Denn ihr Wissen ist komplex und verlangt, dass wir andere Lebewesen als uns ebenbürtig wahrnehmen. Für die Erde als Gesamtheit sind wir Menschen nicht wichtiger als Plankton.

Bei dieser Aussage müssen wir naturgemäß schlucken. So sind wir nicht erzogen worden. Es ginge dabei um ein Oszillieren zwischen der eigenen Unwichtigkeit als *Homo sapiens* und der Verantwortung, die wir tragen aufgrund unseres enormen Einflusses und unserer intellektuellen Fähigkeiten, für alles, was auf unserem Planeten lebt.

Aus meiner Sicht ist es das, was wir aus der Tatsache lernen können, dass alle Lebewesen zu Wasser und zu Land evolutionär miteinander verwandt sind. Und vielleicht versteht die Dichtung das besser fühlbar zu machen als die Wissenschaft, wie die mazedonische Dichterin Nikolina Andova-Shopova im folgenden Gedicht in ihrem Band *Wir schrumpfen*, hier in einer Übersetzung von Alexander Sitzmann:

Wir treten in Dinge ein und sind schon Teil von ihnen
Hat man uns je gesagt, dass Muscheln die Fingernägel des Meeres sind
dass auch unsere Fingernägel zu Muscheln werden, wenn wir hineinwaten
dass unser Magen eine Meeresschildkröte ist, wenn wir schwimmen
dass unsere Brust eine Qualle ist
unsere Augen kleine Fische sind, im Seichten vom Schwarm getrennt
unser Haar zu Algen wird, wenn wir es untertauchen
unsere Haut das Moos, unsere Härchen die Gräser auf den Steinen sind
die im Wasser schwanken wie im Wind

Unsere Ohren sind Seepferdchen, die Finger Tentakel von Oktopussen
die als Spezialität in teuren Menüs angeboten werden
Wir schrumpfen
wie Seesterne, die in den Häfen trocknen
um später als Dekoration an einer Wand zu hängen
wie angehaltenes Licht, ein unterschriebenes Souvenir

Seegräser sind keine Algen, sondern verwandt mit den Wiesengräsern und den Palmen. Sie bilden Wurzeln, mit denen sie sich fest im Meeresboden verankern und über die sie Nährstoffe und Wasser aufnehmen. Sie blühen und bilden Samen, die über Meeresströmungen verbreitet werden. Ihre länglichen Halme sind echte Fotosynthese betreibende Blätter. Anders als ihre terrestrischen Verwandten haben sie keine Blattporen, folglich können sie den Gas- und Wasseraustausch über die Blattoberfläche nicht aktiv regulieren, Gase und Nährstoffe diffundieren über eine Membran direkt aus dem Wasser. Seegraswiesen nehmen dabei beträchtliche Mengen an Kohlendioxid auf, nicht nur um es mittels Fotosynthese in Zucker und Sauerstoff umzuwandeln und in der Folge neue Körpersubstanz aufzubauen, sie speichern es auch in ihren Wurzeln. Somit sind sie heimlich, still und leise effizientere Kohlendioxidspeicher als tropische Regenwälder.

Da Seegräser viel Tageslicht brauchen, was jedoch mit zunehmender Wassertiefe abnimmt, wachsen sie vor allem in flachen Küstenbereichen mit klarem Wasser, in ruhigen Buchten, Lagunen oder Flussmündungen. Ist das Wasser zu trüb, weil zu viel Sediment und Plankton darin treiben, gedeihen Seegräser weniger gut, denn dann gelangt nicht ausreichend Sonneneinstrahlung bis zu ihnen vor. Bei guten Bedingungen können auf einem Quadratmeter Meeresboden 2000 Seegrassprosse wachsen.

In der Nordsee findet man zwei Seegrasarten, *Zostera marina* und *Z. noltii*, in der Ostsee nur eine, *Z. marina*. Weltweit wurden bisher 65 verschiedene Arten beschrieben, die im Indischen und Pazifischen Ozean in Gemeinschaften von mehr als einem Dutzend Arten pro Standort zusammenleben.

Die Wichtigkeit der Seegraswiesen für die Gesundheit der Ozeane kann kaum überschätzt werden. Sie und das an und um sie lebende Mikrobiom filtern das Wasser und schützen die Strände vor Erosion, da sie die Brandung brechen und den Sandboden mit ihren Wurzeln fixieren. Vor allem stellen sie für zahllose Jungtiere vieler verschiedener Arten die Kinderstuben dar. Tausende junger Krebse, Muscheln, Seeigel, Seegurken, Fische – um nur exemplarisch einige Organismen zu nennen – und natürlich Seepferdchen finden hier Schutz und Nahrung.

*

Vor meiner Reise zum Great Barrier Reef hatte ich versucht, mich auf das bunte Leben am größten Korallenriff der Erde vorzubereiten. Dabei war ich auf die Beschreibung einer neuen Art gestoßen. *Hippocampus queenslandicus* lautete der Name, der dem Tier gegeben worden war. Der Artikel stammte aus 2001. Ein der Wissenschaft bisher unbekanntes Wirbeltier und das im 21. Jahrhundert! Die Art wurde anhand von 115 Weibchen und 111 Männchen beschrieben, sie waren in den Jahren 1997 und 1998 mittels Schleppnetzen gesammelt worden und 6 bis 14 Zentimeter groß, lebten in Seegraswiesen oder über Schwämmen und hielten sich an Weich- oder Hartkorallen fest.

Meine Schnorchelexpedition auf dem Riff war enttäuschend. Ich sah keine Seepferchen, sah auch sonst nicht viel. Tote ausgebleichte Korallen, von den Flossen anderer Schnorchler*innen beschädigte Pflanzen, von menschlichen Händen abgebrochene Schwämme sah ich. Als Mensch unter Wasser das Gleichgewicht zu halten und nirgendwo dagegen zu torkeln, ist nicht einfach, noch dazu, während du permanent nach Luft ringst.

Riffe wie das Great Barrier Reef beruhen auf einer Symbiose zwischen zwei Organismen: den Korallen und den Dinoflagellaten. Letztere sind einzellige Algen, die kosmopolitisch leben und großteils im Meer vorkommen; das Phytoplankton der Ozeane besteht vor allem aus ihnen und den Kieselalgen. Innerhalb der Dinoflagellaten gibt es eine unglaubliche Formenvielfalt. Manche sind rund, manche sternförmig, andere sehen aus wie eine Sense, wieder andere sind sechseckig, oval, viele haben Geißeln, mit denen sie sich fortbewegen und ihre Bewegungen steuern, sich drehen, vor und zurück schwimmen.

Sobald sich Dinoflagellaten in der Nähe von Korallenzellen aufhalten, stülpen diese Tentakel aus, fangen damit die Algen und befördern sie in ihr Inneres. Ab dann leben die Dinoflagellaten innerhalb der Korallenzellen. Nur wenn Dinoflagellaten in ihnen leben, sind tropische Korallen dazu imstande, riesige Riffe zu bilden. Forscher*innen nennen die Dinoflagellaten in diesem Stadium Zooxanthellen. Sie benutzen den Körper ihres Wirts als Lebensraum und versorgen ihn dafür mit Zucker und Stärke, weil sie Fotosynthese betreiben. Nicht nur Korallen, auch Schwämme, Riesenmuscheln oder Quallen können Zooxanthellen besitzen. Gestresste Korallen – ja, sogar Korallen haben jetzt Stress! – spucken jedoch die in ihnen lebenden Algen aus und

Das Aquarell Ocean Life *aus 1859 von Christian Schussele stellt die bunte*

Vielfalt unter Wasser so dar, wie sie in einem idealen Ökosystem sein könnte.

sterben bald danach ab. Wir Menschen sprechen dann von Korallenbleiche. Tote Korallen verblassen, da ihre charakteristische Farbe mit den Zooxanthellen aus ihrer Haut verschwindet.

Was stresst Korallen? Das kann starker Regen und damit verbundene Schwankungen im Salzgehalt des Meeres sein, vor allem aber geraten Korallen durch erhöhte Temperatur des sie umgebenden Wassers in Stress. Bei meinem Besuch am Great Barrier Reef im Jahr 2004 erlebte ich, denke ich jetzt, unter anderem die Nachwirkungen des starken El-Niño-Ereignisses wenige Jahre zuvor, infolge dessen in manchen Gegenden bis zu 98 Prozent der Korallen starben und die Wassertemperaturen monatelang bis zu 3 Grad Celsius über dem Durchschnitt lagen. Ich erlebte außerdem ein Phänomen, das selbst erfahrene Seepferdchenforscher*innen aus ihren Anfängen kennen: Seepferdchen können sich unsichtbar machen. Dass ich damals in Queensland innerhalb mehrerer Wochen und vieler mit Taucherbrille im Wasser verbrachter Stunden keins gesichtet habe, heißt also noch lange nicht, dass dort keine waren.

*

Eine Pionierin der Seepferdchenforschung ist die Kanadierin Amanda Vincent. Sie entdeckte in den 1980er-Jahren im Hafen von Sydney eine Kolonie, die sie zu untersuchen begann. In dem Dokumentarfilm *Kingdom of the Seahorse* aus dem Jahr 1995 sehe ich Amanda vor allem im Taucheranzug, mit Taucherbrille unter Wasser. Sie verbringe mehr als die Hälfte ihrer wachen Stunden im Meer auf der Suche nach Seepferden, sagt sie dem Filmteam. Und dass ihr die Leute aus der Umgebung erzählt hätten, das, an dem du arbeiten willst, gibt's hier gar nicht.

Die Tarnung der Tiere ist so perfekt, dass oft nicht einmal Menschen, die an der Küste leben, je eins gesehen haben. Auch Amanda fand es am Anfang ihrer Beschäftigung mit dieser Gruppe von Organismen schwer, sie zu finden. Sie tauchte an ihnen vorbei, entdeckte sie nicht. Erst nach einiger Übung schärfte sie ihren Blick. Nur die Augen der Tiere verraten sie bei genauem Hinschauen.

Sie seien einfach zu fangen, sagt sie, wenn du weißt wie. Amanda bietet ihnen ihren Finger an, je nach Größe des Seepferdchens den Kleinen, den Zeigefinger oder den Daumen. Dann halten sie deine Hand, erzählt sie. Sie verbringe so viel Zeit mit ihnen, dass sie sie persönlich erkenne, jedes schaue anders aus, einzigartig, die Kronen auf ihren Köpfen individuell wie Fingerabdrücke. Um sie zu beobachten, gibt Amanda den Tieren Halsbänder, die sie auch für ihre Mitarbeiter*innen eindeutig identifizierbar machen. So können sie notieren, welche Verhaltensmuster jedes Individuum an den Tag legt, wer welches Männchen befruchtet, wer wie oft und wie viele Nachkommen hervorbringt.

Details zu Biologie und Lebensweise der Seepferdchen in freier Wildbahn waren Anfang der 1990er-Jahre noch weitgehend unbekannt. Amanda entdeckte beispielsweise, dass Seepferdchen ihr Leben lang wachsen und dass die Art, die in Sydney Harbour vorkommt, vier Jahre alt wird.

Zu beobachten, wie ein Weibchen ein Männchen befruchtet, gelang ihr erst nach fünf Jahren Forschungsarbeit unter Wasser. Dass sie so lange auf diesen Moment warten musste, ist umso erstaunlicher, weil der Vorgang mehrere Stunden dauern kann. Zu Beginn schwimmt das Paar nebeneinander, beide fächeln mit

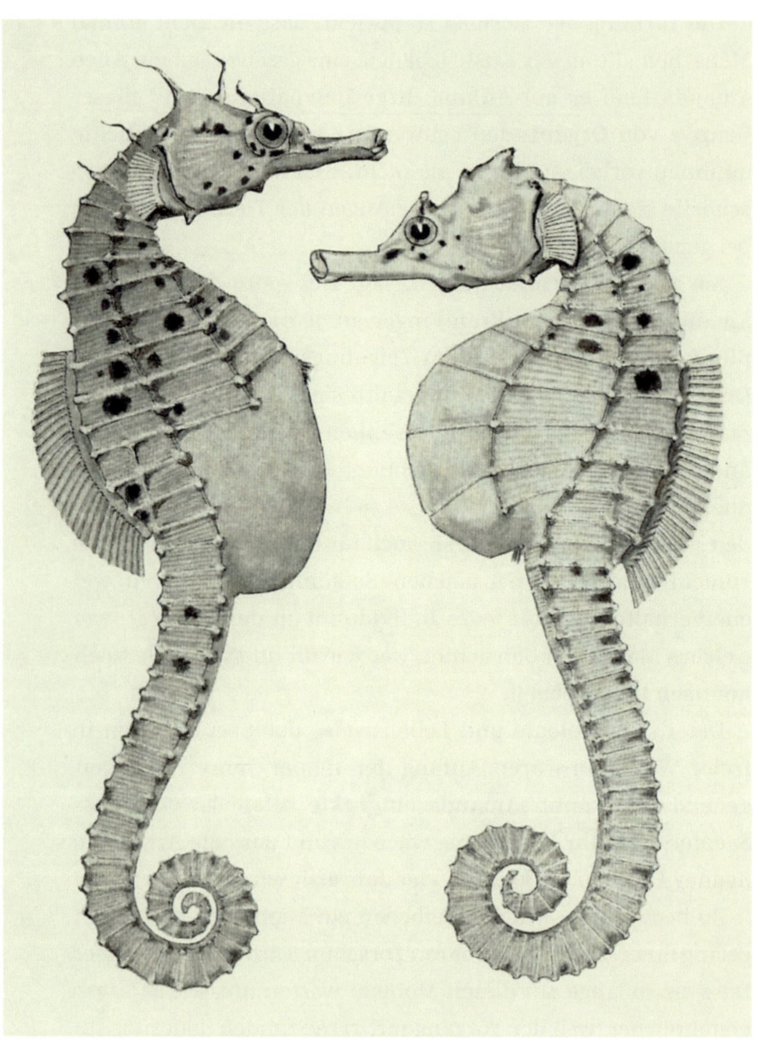

Hippocampus abdominalis *gehört zu den größeren Arten, hier ein Männchen (links) und ein Weibchen (rechts), in der Abbildung etwas kleiner als in ihren natürlichen Ausmaßen.*

den Flossen, bewegen sich miteinander so lange, bis ihre Bewegungen synchron sind; deshalb nennen wir Beobachter aus einer zoologisch völlig anderen Tiergruppe – den Säugetieren – dieses Verhalten ›tanzen‹. Derartige Tänze dienen auch dem Kennenlernen, wenn zwei Seepferdchen gerade zueinander gefunden haben; sie werden in der Folge über mehrere Tage oder sogar Wochen hinweg allmorgendlich durchgeführt. So sind sie immer auf dem neuesten Stand über das hormonelle Befinden des anderen und wissen, wann sie so weit sind, sich zu vermehren.

Ist der Augenblick gekommen, kommt es zum Paarungstanz. Manche Arten schlingen die Schwänze umeinander, so stabilisieren sie sich, um die Eier zu übertragen. Bei anderen Arten werden einfach die Körpermitten aneinandergelegt und so die Eier übergeben.

Das Weibchen transferiert mehrere Hundert bis Tausend Eier gleichzeitig in die Bruttasche des Männchens, dies geschieht mittels eines Ovipositors, einer penisähnlichen Ausstülpung am Unterbauch des Weibchens, mit der sie die birnenförmigen Eier zielgerichtet in die Tasche des Männchens spritzen kann.

Das Männchen hingegen stößt sein Sperma ins umgebende Wasser aus, von dort wird es wieder in die Bruttasche aufgenommen. Wie es gelingt, trotzdem genügend Spermien hineinzubugsieren, um so viele Eier wie möglich zu befruchten, ist noch nicht ganz geklärt und schwer zu beobachten, weil die Öffnungen für Eizellen sowie Sperma bei der Paarung sehr nahe beieinanderliegen. Wahrscheinlich werden die Spermazellen vom Ovipositor ›aufgelöffelt‹ und zusammen mit den Eizellen in die Bruttasche eingeführt. Fest steht, der Vorgang erfordert einige Übung, das Paar muss dafür gut aufeinander abgestimmt sein – daher die Tanzübungen. Durchschnittlich werden 60 bis 400 Eier gleichzeitig ausgebrütet, ab und zu, wenn das Männchen besonders groß und wohlgenährt ist, sogar bis zu 2000. Die Befruchtung findet in der Bruttasche statt, danach bleibt diese bis zur Geburt verschlossen.

Die Embryos nisten sich in der weichen Wand der Bruttasche ein. Während der Schwangerschaft sind die gleichen Hormone aktiv, die auch bei Säugetieren die Funktion der Plazenta regulieren. Insbesondere Prolaktin spielt eine zentrale Rolle, zusammen mit Progesteron sorgt es dafür, dass die Babys über das Epithelgewebe gut versorgt werden. Sie erhalten so Aminosäuren, Glukose und Sauerstoff vom Vater. Auch der Gasaustausch und die Osmoseregulation des Salzgehalts in der Flüssigkeit in der Bruttasche wird über das Epithel geregelt. Nahrung erhalten die Embryos überwiegend vom Dottersack, den sie von der Mutter mitbekommen haben.

Während die Babys heranreifen, besucht die Mutter den Vater jeden Morgen. Ihre Begegnung dauert einige Minuten, Wissenschaftler*innen sprechen davon als Grußritual. Die Tiere winden ihre Schwänze umeinander, schwimmen eine Weile nebeneinander, manchmal ändern sie dabei sogar ihre Farbe.

Nach zwei bis vier Wochen gebiert das männliche Seepferd die Jungen. Wie lange es genau dauert, bis sich die jungen Seepferdchen genug entwickelt haben, um die Bruttasche zu verlassen, hängt von Umgebungsfaktoren ab: Wie viel Nährstoffe sind vorhanden? Wie hoch ist die Temperatur des Wassers? Der Salzgehalt in der Bruttasche verändert sich im Lauf der Schwangerschaft und gleicht kurz vor der Geburt der Salinität des umgebenden Meereswassers.

Nach wenigen Wochen Tragzeit gebiert das Männchen (Hippocampus hippocampus) *die Jungen.*

Im Film über Amanda Vincent und ihr Projekt sehe ich, wie es in der Bauchtasche eines Seepferds aussieht. Sie brachte ein schwangeres Männchen in eine Geburtsklinik in Sydney zur Gynäkologin – zwischen lauter Frauen ein Meereslebewesen – und ließ mit einem Endoskop hineinschauen: Die Schwangerschaft wirkt fortgeschritten, die Babys füllen die Bauchtasche fast völlig aus. Zu zählen, wie viele es sind, ist unmöglich.

Die Geburt findet in der Regel nachts statt und ist ein langwieriger Vorgang, der dem Vater einiges abverlangt. Muskelkontraktionen können bis zu zwei Tage andauern. Dann werden die Jungtiere im wahrsten Sinn des Worts aus dem Körper gepumpt. Das Vatertier bewegt sich in rhythmischen Stößen und bei jedem Stoß kommt ein Schwall Babys heraus.

Neugeborene Seepferde sind wenige Millimeter groß, bei Zwergarten sogar nur Bruchteile eines Millimeters, aber bereits ganz auf sich selbst gestellt. Brutpflege gibt es nicht. Die Babys sehen aus wie Miniaturversionen der Erwachsenen. Sie schwimmen im Plankton, sind dabei Strömungen, Temperaturwechseln, Fressfeinden ausgeliefert. Ihr größter Feind kommt aber aus ihnen selbst: Wenige Tage alte Seepferdchen fressen etwa 3000 Flusskrebse täglich, bekommen sie diese Ration nicht, verhungern sie.

Handel mit schwangeren Vätern

Nur 5 von 1000 Jungtieren überleben, sagen Statistiken, und das sind Durchschnittswerte. Millimeterkleine Zwergseepferde haben weitaus weniger Nachwuchs, manchmal kommen pro Geburt nur 5 Babys zur Welt. Gleich danach ist der Seepferdmann wieder bereit, die Partnerin nähert sich oft innerhalb weniger Minuten und überträgt einen neuen Schub Eier in seine Bauchtasche. Sie brüten mehrere Male pro Saison, die auf der Nordhalbkugel der Erde von Mai bis September, auf der Südhalbkugel von September bis Mai dauert. In den tropischen Gebieten um den Äquator könnten Seepferde sich theoretisch das ganze Jahr über fortpflanzen. Angesichts dieser Effizienz müssten die Weltmeere eigentlich voller Seepferdchen sein.

Auf chinesischen Märkten findet man neben Gemüse und medizinischen Pflanzen oft Haufen von schneeweißen, etwa 5 Zentimeter kleinen hippokampusförmigen Dingen. Diese sind allerdings alles andere als Gegenstände, nämlich gebleichte tote Tiere. Trotz Handelsbeschränkungen und Verboten floriert der illegale Export aus Thailand und den Philippinen.

Weil von ihnen berichtet wird, dass sie extrem monogam sind, wird den Tieren ein großartiges Sexualleben unterstellt. Die ihnen zugesprochene positive Wirkung auf die sexuelle Potenz des Menschenmannes kostet jährlich circa 30 Millionen Seepferdchen das Leben.

Zerrieben stellen sie essenzielle Inhaltsstoffe der Traditionel-

Seepferdchen gehören zu den kleineren Arten von Meeresfischen, hier zu sehen in einer Illustration von John Whites Journal of a voyage to New South Wales.

len Chinesischen Medizin dar. Verpulvert, als Tee aufgebrüht, in Pillenform geschluckt, sollen sie uns angeblich langlebiger machen, bei Herzbeschwerden und Kreislaufproblemen helfen, Nieren, Leber, Lunge und Bronchien heilen und die Haut reinigen. Homöopathische Heilmittel enthalten, nicht nur in China, sondern weltweit, oft unter anderem Seepferdchenstaub.

*

Wie viele Arten es weltweit gibt, lässt sich nur schätzen. Die Taxonomin Sara Lourie von der University of British Columbia in Vancouver listet in einem 2016 veröffentlichten Artikel 41 Arten auf, die sie als gültig identifiziert. Sie ist auch Erstautorin des 1999 erschienenen Bestimmungsbuchs *Seahorses. An identification guide to the world's species and their conservation*, das sie gemeinsam mit Amanda Vincent und Heather Hall herausgab. Diese drei Frauen legten die Basis für die zeitgenössische Seepferdforschung.

Ich rufe Daniel im Haus des Meeres an. Ich weiß, er sitzt nur wenige Meter von *Hippocampus guttulatus* und *Hippocampus reidi* entfernt, als ich ihn frage, was er sagen würde, wie viele Arten Seepferdchen es auf der Erde gibt. »Moment, ich gebe dir die alleraktuellsten Daten, cutting edge«, sagt er. Über die Telefonverbindung höre ich ihn an seinem Computer tippen. Er sieht in einer Datenbank nach.

»59, nein 57 anerkannte Arten gibt es derzeit. In den letzten Jahren sind etliche dazugekommen.« Die Zahl 41 von Lourie kennt er. Er war es auch, der mir ihr Bestimmungsbuch lieh. Seit fast einem Jahr liegt es auf meinem Schreibtisch. Er brauche es nicht, er wisse es in guten Händen, antwortet Daniel auf meine Entschuldigung für das lange Ausborgen.

Ich hätte gelesen, es gäbe über 80 Arten Seepferdchen weltweit, erzähle ich, das sei fast doppelt so viel, wie Lourie schreibt. »Das ändert sich dauernd«, Daniel bleibt ungerührt. »Manche Arten wurden doppelt beschrieben oder sogar dreifach. Das wird mit der Zeit korrigiert.«

Neue Arten werden mittlerweile oft auf Basis von genetischen Analysen auf ihre Verschiedenheit getestet, da kommt es manchmal zu einer Überschätzung des Artenpools, in anderen Fällen stellen sich Arten als redundant heraus. Weil Seepferde auch innerhalb einer Art morphologisch sehr variabel sind, sind sie nicht leicht zu bestimmen. Das Online-Lexikon Wikipedia listet 57 Arten in der deutschen Version im Jahr 2023.

Um sicherzugehen, hole ich bei einem weiteren Biologen eine zweite Meinung ein. Seine Antwort lautet kurz und bündig: Frag Daniel, der kennt sich aus.

*

Seit Mai 2004 unterliegen alle Arten der Gattung *Hippocampus spp.* dem Washingtoner Artenschutzabkommen CITES. Es regelt den Handel mit wild lebenden Tieren und Pflanzen dahingehend, dass natürliche Populationen nicht zerstört werden. Exporte und Importe von Seepferdchen werden überwacht und müssen gesetzliche Vorgaben erfüllen. In manchen Gebieten darf nicht gefischt werden, der Export gefährdeter Arten ist verboten.

Amanda Vincent, deren weltweit größter Initiative zum Schutz von Seepferdchen ›Project Seahorse‹ es zu verdanken ist, dass diese Tiergruppe nach jahrzehntelangem Lobbying als erste Meeresfischart auf die CITES-Liste kam, zieht nach fast zwanzig Jahren eine teils positive Bilanz. Seepferdchen könnten ihr zufolge als Exempel dienen, wenn die Aufnahme weiterer Arten von Meeresfischen auf die CITES-Liste diskutiert wird. Konkret sei der Handel mit lebenden Seepferdchen bis 2018 auf 7 Prozent des Exportvolumens vor der Aufnahme in den CITES-Appendix zurückgegangen. Die größten Abnehmer für lebende Seepferdchen, USA und EU, sind fast ganz auf Zuchttiere umgestiegen, private Aquarianer*innen haben mittlerweile eine Präferenz für gezüchtete Tiere, bei denen auch die Eltern bereits nicht mehr aus dem Ozean stammen, und vermeiden den Kauf von Fischen aus Wildfang.

In Bezug auf Lebendfänge dürfte der Druck auf wild lebende Populationen also wirklich zurückgegangen sein. Das hat auch den Grund, dass es schwierig ist, lebende Seepferdchen zu schmuggeln, nachdem sie in wassergefüllten Behältern transportiert werden müssen. Zugleich bleibt der Handel mit getrockneten Seepferdchen problematisch. In diesem Zustand lassen sie sich leicht verstecken, das Schmuggelvolumen ist nach wie vor enorm; Hunderttausende Seepferdchen werden in diesem Augenblick getrocknet und gebleicht illegal über diverse Grenzen gebracht.

Als Amanda Vincent in den 1990er-Jahren in die Philippinen reiste, lebten dort viele Familien vom Fang der Seepferdchen. Die Fischer zogen nachts hinaus, tauchten nach ihnen. Sie seien leicht zu erwischen, erzählen sie in Interviews von damals. Jeder Fischer kennt die Eigenheit der Seepferde, ihren Schwanz um einen dargebotenen Finger zu wickeln, so ist das Fischen ein Kinderspiel. Schwangere Männchen sind die einfachste Beute, denn sie rühren sich kaum vom Fleck. Für einen halben Dollar werden sie, inklusive Hunderter Jungfische im Bauch, an jemanden verkauft, der sie tötet, trocknet und exportiert.

Im Film *Kingdom of the Seahorse*, an dem Amanda Vincent selbst mitwirkte, zeigen die Fischer große Affinität zu den Seepferden, sie kennen sie gut, wissen um ihre Verhaltensweisen, entdecken sie auch, wenn sie perfekt getarnt sind, ihre Haut exakt die Farbe ihrer Umgebung angenommen hat. Diese Männer und Jungen – in den Aufnahmen ist keine fischende Frau zu se-

Als Gefangener auf Sarah Island, einer winzigen Insel in einer Lagune vor Tasmanien, fertigte William Buelow Gould (1801–1853) Skizzen von Fischen an, darunter dieses H. abdominalis.

hen – steigen allabendlich ins Wasser. Sie sind den Fischen sehr nahe. Intuitiv wissen sie vieles von dem, was Fischforscher*innen sich in jahrelangem Studium erst aneignen müssen, schon von Kind an; lernten es von den Vätern, von Freunden. Sie verbrachten viel Zeit mit ihnen unter Wasser, manchmal mehr Zeit als mit ihrer Familie.

Trotzdem fiel ihnen, als die Seepferde in den küstennahen Gewässern um ihre Insel sichtbar weniger wurden und es immer schwieriger wurde, auch nur einige wenige zu fangen, nichts anderes ein, als sich Boote zu leihen, auf benachbarte Inseln auszuweichen, um dort Seepferdchen zu ernten. So lange, bis sie auch von den Küsten der anderen Inseln verschwunden waren.

Für die philippinischen Fischer waren Seepferde das, was Fische für die meisten Menschen sind, ähnlich wie Getreide, Kartoffeln, Mais. Viele denken bei dem Wort ›Fisch‹ eher an einen guten Teller Gegrilltes mit Beilage als an Biodiversität.

Amanda Vincent gelang es in jahrelanger Arbeit vor Ort, die Einstellung mancher Bewohner*innen der Philippinen zu verändern, nicht zuletzt darum, weil sie den Leuten eine Gelegenheit bot, mit dem Schutz von Seepferdchen Geld zu verdienen. Einerseits versuchte sie, *seahorse-farming* zu etablieren, sie brachte Fischer dazu, schwangere Männchen in ins Meer gestellte Käfige zu setzen; dort gebaren sie ihre Jungen, die durch das Gitter hinausschlüpfen konnten. Jeder Fischer erhielt dann das von ihm gefangene Tier zurück und konnte es verkaufen. Die Jungen aber hatten die Chance, im Ozean erwachsen zu werden und sich fortzupflanzen. So sollten die Seepferdchenpopulationen überleben und die Lebensgrundlage der Fischer erhalten bleiben. Andererseits wurden Schutzgebiete definiert, innerhalb derer das Fischen verboten war. Aus diesen Gebieten sollten die überfischten Teile des Meeres gespeist werden. Das funktionierte ziemlich gut. Bald stellten sich jedoch Wilderer ein. Dorfbewohner begannen ihre Gebiete mit nächtlichen Patrouillen zu bewachen, mehr und mehr Dörfer wollten ein Schutzgebiet. Mittlerweile gibt es in den Philippinen 35 davon. Kleine, lokal verwaltete *no-take marine reserves* gelten als die einfachste Präventionsmaßnahme, um die Diversität von Korallenriffen zu schützen und langfristig zu gewährleisten, dass die Fischer noch etwas zum Fischen haben. Amandas holistischer Ansatz auf den Philippinen hat sich für die lokalen Fischer wie für die Fische gelohnt.

Zahlreiche Doktorand*innen haben in der Folge mit Studien über den Schutz der Fische auf den Philippinen promoviert. Einige Dorfbewohner*innen sind selbst Wissenschaftler*innen oder Umweltaktivist*innen geworden. Und 180 Nationen, die das CITES-Artenschutzabkommen unterzeichnet haben, müssen den Handel mit Seepferdchen kontrollieren. Als erste Fischgruppe mit CITES-Status waren die Seepferdchen das positive Beispiel, um andere bedrohte Arten auf die CITES-Liste zu setzen. Ab 2024 erhalten fast hundert Hai- und Rochenarten einen ähnlich intensiven Schutz.

*

In dem Film *A Different Kind of Farm* aus dem Jahr 2014 erzählt Carol Schmarr, wie ihr Vater ihr als Kind kleine Seepferdchen geschenkt hat. Die seien ihr größter Wunsch gewesen. Sie kamen per Post und die junge Carol setzte sie in ein Süßwasseraquarium. Lange hielten sie da nicht durch.

Carol Schmarr gründete daraufhin 1998 die, wie sie sagt, erste Seepferdchenfarm der Welt. Zusammen mit ihrem Mann Craig hat sie es geschafft, ihre Aquafarm von ein paar salzwassergefüllten Becken zu einem Paradebetrieb und einer Touristenattraktion auszuweiten. Ihrer Meinung nach liegt die Rettung der Seepferdchenpopulationen in der Zucht. Produzieren wir genug für den Bedarf von Privatleuten, Aquazoos und Anhänger*innen Traditioneller Chinesischer Medizin, könnten die Seepferde in freier Wildbahn sich erholen und vermehren, bis sie ihre einstigen Populationsgrößen wieder erreicht haben.

Carol ist alles andere als naiv. Sie ist seit vierundzwanzig Jahren Sea-horse-Farmerin und Mutter zweier Kinder. Ihre Energie bezieht sie unter anderem von morgendlichen Schwimmausflügen in der Bucht vor ihrem Haus, im Wasser ordnen sich ihre Gedanken. Ob die Lage der Seepferdchen mittlerweile besser geworden ist? Genaue Zahlen gibt es nicht, stets handelt es sich um Schätzungen. Zwei bis zehn Millionen bunter Fische würden jährlich aus den Riffen vor Hawaii gefangen, berichtet Carol. Wie viele davon Seepferdchen sind, weiß niemand genau.

Ich stelle mir vor: Alle Bewohner*innen Österreichs würden vom Fuße der Alpen gefischt, jedes Jahr.

*

Als ich 2002 auf der hawaiianischen Insel Big Island ins Meer stieg, hielt ich damals sofort inne. Kleine und größere Fische in allen Farben bewegten sich furchtlos um meine nackten Füße. Eine Schildkröte schwamm auf mich zu, sie war mehr als einen halben Meter lang, schwebte gelassen über dem sandigen Boden, ab und zu tauchte sie auf, um Luft zu holen. Am Horizont hätte man theoretisch Haie sehen können, ich sah aber keinen. Ich sah unfassbar viele Fischarten, wie den Humuhumunukunukuapua'a, ein beeindruckendes Wesen mit hellem Maul, rabenschwarz-gelbem Muster über die hintere Körperhälfte, fast durchsichtiger Schwanzflosse, die in ein scharf gezeichnetes zur Mitte des Fisches hinzeigendes schwarzes Dreieck mündet. Er kommt nur an den hawaiianischen Küsten vor, wie eine ganze Reihe von Organismen, die sich aufgrund der Isolation auf dem Archipel evolutionär anders entwickelt haben als ihre Verwandten auf dem kontinentalen Festland.

Eine Pflanze, die ich mir damals ansah, ist das *Hawai'i silversword (Argyroxiphium sandwicense)*. Majestätisch stand sie auf den kargen rötlich grau gefärbten Flanken der Vulkane, aus denen Big Island besteht, die Blüte menschenhoch, oft ragte sie zwei Meter weit in die Luft, und darunter ein dickes Büschel fein silbrig behaarter Blätter, die tatsächlich wie Schwerter gekrümmt waren, eine riesige Quaste aus pelzigen Dolchen in Blassgrün. Aber sie stachen nicht. Leider sind diese anmutigen Riesen in rapidem Rückgang begriffen, sie kommen wahrscheinlich mit den durch Klimawandel verursachten oft extrem trockenen Bedingungen der letzten Jahre und Jahrzehnte nicht zurecht.

Ich sah dort auch eine unglaubliche Spinne. Sie trug ein Lächeln auf ihrem Rücken, ein Grinsen vielmehr, wie von einem bösen Clown aus einem Horrorfilm, knallroter breiter Mund, darüber schwarze Äuglein und sogar Brauen. Ihr Körper war durchscheinend gelblich, gummibärchenähnlich, mit acht lan-

Wenn Louis Renard tropische Fische malte, verlieh er ihnen gerne leuchtendere Farben, als sie tatsächlich hatten, wie hier in einem 1754 in Amsterdam veröffentlichten Buch über die Unterwasserlebewesen der Molukken.

gen dünnen Beinen, deren durchsichtige Spitzen den Anschein erweckten, das Tier berühre das Blatt nicht, auf dem es lief. Rote Ringe an den Beinen waren der Hinweis für andere Tiere: Ich bin giftig. Als *happy-face spider* wird *Theridion grallator*, wie sie mit wissenschaftlichem Namen heißt, bezeichnet. Kein Manga-Zeichner hätte sie besser erfinden können. Auch sie ist in ihrer weltweiten Verbreitung beschränkt auf Hawaii.

Ob ich damals *Hippocampus kuda* gesehen habe, das ›weiche Seepferd‹ (*the smooth seahorse*), erinnere ich nicht mehr. Es wird auch das Gefleckte, Gelbe oder Gemeine Seepferdchen oder Gelbes Ästuarenseepferdchen genannt, manche sprechen von *sea pony*. Im flachen Wasser soll es zu finden sein, an geschützten Stellen. Seine Farbe ist hellbraun oder dunkelbraun, gefleckt, je nach dem Untergrund, auf dem es lebt.

Es gibt noch eine Art, *Hippocampus fisheri*, die bisher ausschließlich auf Hawaii gefunden wurde. Es sei extrem selten, aber doch käuflich zu erwerben, für ein paar Hundert Euro schon zu haben, nur für erfahrene Halter, heißt es. Ich hatte nie den Wunsch, ein Aquarium zu besitzen. Rotweinrote Zwergseepferde gibt es auf der Insel Kona. Auch sie habe ich damals nicht gesehen. Oder habe ich es nur vergessen?

Über Seepferdchen nachdenken heißt, über alle wichtigen Themen auf der Erde nachzudenken, über den Planeten als Einheit. Die Weltmeere stehen miteinander in Verbindung, und die Meere wieder mit dem Land, und das Land mit der Luft. Wir und die Seepferde atmen Luft.

Am Kap

Die schroffen Felsen am Kap der Guten Hoffnung galten einst fälschlicherweise als die Südspitze Afrikas. Sie seien der Punkt, an dem der Indische Ozean auf den Atlantik trifft, sagte man. In Wirklichkeit liegt die Stelle aber circa anderthalb Kilometer östlich vom Kap, und die geografische Südspitze des Kontinents sogar 150 Kilometer südöstlich.

Wenn zwei Meere sich begegnen, bedeutet das, Strömungen – oft unterschiedlicher Temperatur – kommen zusammen. Hier fließt der warme Agulhasstrom nach Süden, das aus der Antarktis gespeiste Wasser des Benguelastroms nach Norden. Die dadurch entlang des Kap der Guten Hoffnung über dem Meer entstehende kalte Luft verhindert die sonst über Gewässern häufige Bildung feuchter Luftmassen. Der Wind weht ablandig, nach Südwesten. Östlich davon wird es trocken und heiß – dort liegt die Namib-Wüste. Da die kühle Strömung aus dem Süden sehr sauerstoffreich ist, bringt sie eine Menge an Zooplankton mit sich: ideale Bedingungen für Fische, aber nicht für Seepferdchen. Sie nämlich mögen es warm, ihre bevorzugte Wassertemperatur liegt zwischen 24 und 28 Grad Celsius. Wollte ich sie sehen, musste ich weiter nach Osten, an die Seite der Küste, die der warme Agulhasstrom beeinflusst.

Ich beschloss, vorerst auf der bekannten und bei Tourist*innen beliebten Garden Route zu bleiben, eine der Panoramastrecken Südafrikas, entlang der Küste zwischen Kapstadt und Port

Elizabeth. Wie alle, die es sich leisten konnten, war ich mit einem Auto unterwegs. Taucherbrille und Flossen hatte ich im Gepäck.

Bevor ich Kapstadt verließ, begegnete ich Südafrikanischen Seebären (*Arctocephalus pusillus*), der Lieblingsspeise der Weißen Haie. Sie fühlen sich im kalten Wasser wohl. Mit einem Wetsuit bekleidet schwamm ich eine Stunde lang zwischen ihnen herum, sie berührten mich fast, wenn sie an mir vorbeitauchten – um einige Köpfe länger als ich, schwerer sowieso und trotzdem unvergleichlich wendiger, eleganter, als wollten sie einen Tanz aufführen. Machte es ihnen Spaß, dieses weiße Würstchen mit den vier Gliedmaßen in ihren Plastikkleidern zwischen sich zu haben?

Der karge Fynbos, ein Biom, das nirgendwo anders auf der Erde vorkommt, trockene, fein verästelte Büsche, fühlte sich vertraut an. Er ähnelte ein wenig der mediterranen Macchie, die ich gut kannte. Manchmal liefen mir Pinguine über den Weg, sie überquerten die Straße wie ich, ohne Zebrastreifen; manchmal stand da ein Straußvogel, schien die Aussicht zu bewundern wie ich; Paviane drückten sich in schattige Stellen unter den Felsen, wirkten zahlreich, obwohl hier nur mehr ein paar Hundert leben; Klippdachse sprangen von Stein zu Stein; sogar das große Glück, eins der besonderen Zebras, die es hier gibt, aus der Nähe zu sehen, war mir beschieden. Es war idyllisch, was Flora und Fauna betraf.

*

Das Knysna-Seepferdchen, *Hippocampus capensis*, gehört zu den seltensten Tieren der Erde, es ist nur in vier Ästuarien an der Südküste Südafrikas zu finden: Knysna, Swartvlei, Keurbooms und Klein Brak. Aufgrund dieses beschränkten Verbreitungsgebiets kam es 2004 als erstes Seepferd mit dem Status ›gefährdet‹ auf die Rote Liste der International Union for Conservation of Nature (IUCN). Auch der Südafrikanische Fisheries Act № 58 stellt es explizit unter Schutz.

Mit maximal 12 Zentimetern Länge gehört *Hippocampus capensis* zu den kleineren Seepferdchen. Es ist meist braun gefärbt, mit dunkleren Flecken, kann aber auch grün, orange, weiß oder schwarz sein. Das erst 1990 wissenschaftlich beschriebene Tier lebt in Tiefen von einem halben bis zu 20 Metern und verträgt wechselnde Salzkonzentrationen gut. Gegenüber Temperaturanstiegen ist es jedoch extrem empfindlich, Störungen in seinem relativ kleinen Lebensraum könnten die wenigen Knysna-Seepferdchen auf der Erde völlig zum Verschwinden bringen. Das war mir auf meiner Reise durch Südafrika im Jahr 2014 bereits bewusst. Ich suchte das Seepferdchen des Kaps schwimmend, durch einen Schnorchel atmend, wieder und wieder, minutenlang die Luft anhaltend. Ich suchte tagelang.

Einige Jahre später würde Louw Claassens von der Rhodes University in Grahamstown und der IUCN SSC Seahorse, Pipefish & Seadragon Specialist Group ihre Doktorarbeit über das Knysna-Seepferd schreiben. Sie würde entdecken, dass sein wichtigstes Habitat derzeit ein künstliches ist, sogenannte Reno-Matratzen, steingefüllte Metallstrukturen, die in südafrikanischen Lagunen und Ästuarien dazu benutzt werden, um der Erosion durch Überschwemmungen entgegenzuwirken, in erster Linie zum Schutz von Marinas und Wohngebieten. Es ist aber bekannt, wie vorteilhaft sie für Lebewesen sein können, die normalerweise in Seegraswiesen leben. Im Knysna-Ästuar beherbergen diese Reno-Matratzen inzwischen die höchsten Dichten an Seepferdchen.

Louw Claassens markierte im Zuge ihrer Arbeit 78 erwachsene Seepferde mit fluoreszierenden Codes, die unter die Haut injiziert werden. Sie folgte den markierten Tieren, deren Verhalten dadurch nicht beeinträchtigt wird, 14 Monate lang. Sie zählte, wie viele von ihnen sie in monatlichen Abständen wiederfand, beobachtete ihre Bewegungen und ihr Wachstum. Die Ergebnisse ihrer Studien sind unter anderem im *Journal of Fish Biology* nachzulesen.

Hippocampus capensis zeigt sich darin sehr standorttreu, die meisten blieben in einem Umkreis von 5 Metern von dem Ort, an dem sie markiert worden waren. Nur einzelne Tiere bewegten sich bis zu 70 Meter weit. Berechnungen aus der Anzahl der anfangs markierten Seepferde im Verhältnis zu den Wiedergefangenen ergaben dennoch, dass die Population im Laufe des Beobachtungszeitraums geschrumpft war. Das muss keine schlechte Nachricht sein. Es kann sich um natürliche Schwankungen handeln oder womöglich sind Teile der Population zu anderen Stellen im Knysna-Ästuar gewandert.

Nachdem Louw nur maximal 80 Tiere an einem einzigen Standort markieren und untersuchen durfte, konnte sie in ihrer Studie die Ursache für den lokalen Rückgang der Seepferdchen-Zahlen nicht beantworten. Um an Seepferdchen forschen zu können, bedarf es offizieller Genehmigungen der Naturschutzbehörden, und die sind in Südafrika sehr restriktiv.

Gleichzeitig liegt mitten in der Lagune von Knysna *Thesen Island*, eine Marina mit Villen und Lodges für luxuriöse Urlaubsgäste und Menschen, die es sich leisten können, dort ein unbewohntes Haus zu besitzen. Die Anwesenheit der Kolonie von Knysna-Seepferdchen in der Marina wird mittlerweile sogar in der Tourismuswerbung verwendet.

Um den Effekt von Reno-Matratzen auf Fische im Allgemeinen zu untersuchen, wandte Louws Kollegin Nina de Villiers in einer Parallelstudie eine andere Methode an: Sie installierte Videokameras. Anhand des aufgenommenen Filmmaterials verglich sie die Diversität von mit dem Seegras *Zostera capensis* bewachsenen Unterwasserwiesen mit der an Reno-Matratzen aufgenommenen Artenvielfalt, und diese wiederum mit einem Standort, an dem Reno-Matratzen neben natürlicher Vegetation vorkamen. Ihre aus der Studie resultierende Empfehlung lautet: Reno-Matratzen sollten immer so angebracht werden, dass *Zostera*-Wiesen auch erhalten bleiben. Die Kombination aus beiden ergibt die besten Habitate für wirbellose Kleinlebewesen und Fische – auch Seepferdchen.

Als ich die Lagune besuchte, war das noch nicht bekannt. Ich fand kein einziges *Hippocampus capensis*. Ich sah gottvoll schöne Strände in wunderlichem Licht, begegnete freundlichen Menschen mit verschlungenen Lebensläufen, die Deutsch sprachen, ohne je in einem deutschsprachigen Land gewesen zu sein. Ich stand an einer Häuserzeile am Wasser, die Häuser wie frisch verputzt, wie noch nie benutzt; sie ähnelten Häusern, die ich auch aus den Niederlanden kannte, oder Bungalowsiedlungen am Neusiedlersee, zwischen Österreich und Ungarn.

Da es mir nicht gelang, einem Seepferdchen zu begegnen, hielt ich mich an die Erfahrung mit den Seebären – so musste ein Seepferd sich fühlen, falls es sich je mit anderen Fischen verglich: ungelenk wie ich, schwimmend zwischen den muskulösen wendigen Säugern, denen mit ihrem dicken Fell das kalte Wasser nichts ausmachte.

*

Das zweite, mittlerweile berühmte und deutlich kleinere Seepferdchen aus Südafrika war zum Zeitpunkt meiner Reise noch nicht entdeckt. Kleiner als ein Reiskorn, mit scharfen Stacheln auf dem Rücken lebt *Hippocampus nalu* in Sodwana Bay an der Ostküste, nördlich von Durban, in einer Lagune, die mir auf meiner Reise zu weit entfernt gewesen war. Es war das erste Zwergseepferdchen Afrikas und schon daher eine Sensation.

Zwergseepferdchen sind noch stacheliger als ihre größeren Verwandten. Wozu die Stacheln dienen, weiß auch die Forschung nicht genau. Einerseits machen sie die Ähnlichkeit mit Pflanzen noch perfekter, andererseits sind sie wohl dazu da, Fressfeinde von der eigenen Unappetitlichkeit zu überzeugen.

In den 1970er-Jahren kam man darauf, dass es Arten von Seepferchen gibt, die viel, viel kleiner sind als die meisten. Das erste Zwergseepferdchen, *Hippocampus bargibanti*, wurde 1970 von Gilbert Percy Whitley beschrieben, einem herausragenden Fischkundler vom Australian Museum in Sydney. Diesen Winzling haben Taucher am ehesten schon einmal gesehen, denn die Art hat ein großes Verbreitungsgebiet, von Südostasien über Australien bis in den Pazifik. Mit kaum 20 Millimetern Länge gilt *Hippocampus bargibanti* als eins der kleinsten Wirbeltiere überhaupt. Obwohl es großartig aussieht, knallpink mit warzenartigen Ausstülpungen auf der Haut, ist es schwer zu finden: Es gleicht einer Gorgonie. Wenn sich *Hippocampus bargibanti* an ein Korallenästchen klammert, wird es unsicht-

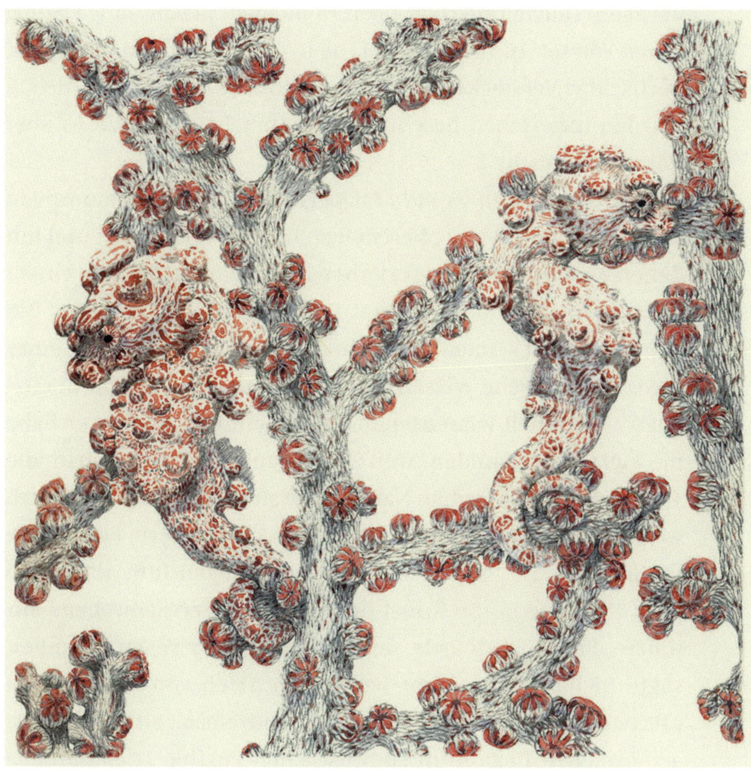

Hippocampus bargibanti *macht sich unsichtbar.*

bar. Tatsächlich hatte sein Entdecker Gilbert Percy Whitley es versehentlich mitgenommen, als er Korallen sammelte. Erst an Land entdeckte er, dass da ein Fisch dranhing.

Seit 2003 werden laufend neue Zwergseepferdchen entdeckt, vor allem weil es Wissenschaftler*innen gibt, die es sich zur Aufgabe machen, nach ihnen zu suchen, und die Erfindung modernster Taucherausrüstungen es möglich macht, lange genug unter Wasser zu bleiben, um auch Tiere zu finden, deren Expertise das Verstecken ist. Zehn Arten von Zwergseepferdchen wurden inzwischen beschrieben; wahrscheinlich gibt es aber noch einige mehr.

Auch *Hippocampus nalu* ist perfekt getarnt und kaum von den Korallen und Moostierchen zu unterscheiden, auf und mit denen es lebt. Mit honigbrauner Haut, überzogen von einem Netz aus weißen Rändern, mit Umrissen wie Waben eines Bienenstocks und seinem rötlichen Schwanz gleicht es ganz einer Alge. Der britische Wissenschaftler Richard Smith, der die Art 2020 schließlich wissenschaftlich benannte, erklärte, er habe die Tiere nur gefunden, weil ihre eigentliche Entdeckerin, die Tauchlehrerin Savannah Nalu Olivier, ihm detailliert beschrieb, wo sie sie beobachtet hatte. Savannah fotografierte eins davon im Sommer 2017 auf einem flachen sandigen Riff, als sie ein paar Neulinge in die Kunst des Unter-Wasser-Schwebens einführte. Es sei, als würde ein Känguru in Norwegen gefunden, sagte Richard. Alle davor bekannten Arten von Pygmäenseepferden stammen aus dem Korallendreieck, einer überaus artenreichen Region im südwestlichen Pazifik. *Hippocampus nalu* lebt mehr als 5000 Kilometer entfernt, an der Küste, wo der Agulhasstrom den Ozean erwärmt.

Ich suche nach einem Foto von Savannah Nalu Olivier, stoße nur auf Fotos von Fischen und Bilder von Richard Smith und Louw Claassens, die an der wissenschaftlichen Beschreibung beteiligt waren. Will Savannah nicht gesehen werden? Ist vergessen worden, dass sie mehr ist als die Namenspatronin eines Fisches?

Fragezeichen und Orgasmen

Ein lebendiges Fragezeichen liegt zwischen Stücken von Tang, Algen, Garnelen, Krabben, einigen Seesternen und einer Qualle in dem Stahlbecken vor mir. Dort, wo der Stift zum Schreiben ansetzen würde, entdecke ich bei genauerem Hinschauen etwas wie eine Quaste: eine kleine Flosse. Der Anfang des Fragezeichens ist das Ende des Tieres. Sein Kopf zeigt sich jetzt auch, zwei Augen seitlich hervorstehend, das Maul ein spitzes Rohr – versucht es hier gerade noch, ein anderes Wesen einzufangen? Auf dem Rücken hat dieser Fisch noch eine längliche Flosse, so durchsichtig, dass ich sie erst später entdecke.

Für die Kinderhände, die sich auch in dem Stahlbecken befinden und unbesorgt zugreifen, ist die Seenadel die Heldin. Oder der Held. Das Geschlecht kann auch der Fischer nicht erkennen. »Wartet, bis ich kontrolliert habe, ob etwas Giftiges drinnen ist«, sagt der Kapitän, der gleichzeitig Fischer ist.

Wir befinden uns in der Nordsee auf einem Fischkutter, der nur als Attraktion für Tourist*innen das Netz auswirft. Es ist ein Schlauch aus Schnur mit vielleicht fünf Zentimeter breiten Maschen, einer etwa zwei Meter breiten Öffnung. An Deck ist das Netz auf einer riesigen Spule aufgerollt. Wenn es ausgeworfen wird, wickelt es sich ab, das Boot zieht es hinter sich her durchs Wasser und fängt, was da lebt. Nach ein paar Minuten Fahrt wird das Netz wieder eingerollt, der Fang in die U-förmige Stahlwanne gespült, vor der wir stehen.

Zwischen Stücken von Tang, Algen und Garnelen liegt wie ein Fragezeichen eine Seenadel aus der Nordsee.

Die Ausbeute ist überraschend viel und vielfältig.

Auch der Kapitän sagt, wir hätten besonders Glück heute. Die weißen Seesterne beispielsweise, etwa handtellergroß, finde er selten. Heute sind gleich mehrere von ihnen dabei. Die Seenadel ist auch für ihn ein Highlight. Ich erkundige mich nach Seepferden. Die müsste es geben im Wattenmeer, aber im Netz habe er seit Jahren keins mehr gehabt. Bei den Schutzstationen würden ab und zu welche abgegeben, sie seien also noch da.

Nach einer Weile wirken die Meereswesen matt. Manche bewegen sich kaum mehr. »Wer will eins freilassen?«, ruft der Kapitän laut. Alle Hände recken sich nach oben, vorne, ihm entgegen. Er macht es vor, nimmt einen kleinen Fisch aus der Wanne, wirft ihn in hohem Bogen ins Meer. Die Kinder tun es ihm nach.

Seesterne, Garnelen, junge Fische, Algenfetzen – alles fliegt über die Reling. Auch die Seenadel. Ich frage mich, ob ihnen der Aufprall nichts ausmacht. Ob sie ein Trauma erleiden, wenn sie einen Bauchfleck machen, die Oberfläche des Wassers sich plötzlich hart anfühlt? Das Werfen macht Spaß. Zum Schluss wird die Wanne ausgespült. Alles Leben, das noch übrig geblieben ist, fliegt durch ein Rohr zurück ins Meer. Ich sehe die Tiere aus der Öffnung in der Bootswand spritzen, in den Wellen verschwinden.

*

Bei meiner Recherche nach dem Begriff ›seahorse‹ in englischsprachigen Berichten stoße ich häufig auf Freddy McConnell. Der Multimedia-Journalist, der für den *Guardian* arbeitet, hat einen Film darüber machen lassen, wie er als Mann beschloss, schwanger zu werden und ein Kind zu gebären. Unter der Regie von Jeanie Finlay erleben wir, wie er sich dafür entscheidet, mittels Testosterontherapie sein Äußeres der inneren Wahrheit anzugleichen und als Mann zu leben – mit Schnurrbart, ohne Brüste. Nach einigen Jahren als Mann verspürt Freddy den Wunsch, Vater zu werden, und zwar nicht durch Adoption. Er möchte selbst schwanger werden, sein Baby austragen und auf die Welt bringen.

Er hat Eierstöcke und eine Gebärmutter, obwohl er, wenn er durch London geht, eindeutig als Mann gelesen wird. Ein Kinderwunsch bedeutet für einen Transgender-Mann, die Testosterontherapie absetzen zu müssen, also den Wunschkörper für eine gewisse Zeit wieder zu verlieren. Der Bartwuchs wird schwächer, die Stimme verändert sich. Trotzdem blieb Freddy während seiner Schwangerschaft, die mithilfe einer Samenspende zustande kam, auch für die Außenwelt ein Mann und sein Babybauch großteils unbemerkt, es wurde einfach angenommen, er sei ein bisschen fett. Nur auf der Geburtsurkunde fungiert er aus rechtlichen Gründen als Mutter, obwohl er der Vater ist, ein Mann, der seinen Sohn selbst geboren hat. Auch das ein Grund, mit seiner Geschichte an die Öffentlichkeit zu treten.

Er wird Alleinerzieher, da sein Partner, ebenfalls Transgender, sich gegen eine gemeinsame Elternschaft entscheidet. Nach der Geburt nimmt er die Hormontherapie wieder auf, er fühlt sich endlich wieder wohl in seiner Haut und als er selbst: ein glücklicher Vater.

Der von der BBC 2019 erstmals gezeigte Dokumentarfilm wird ein Erfolg. Freddy lebt mit Baby Jack in einem südenglischen Küstenort. Später bekommt er noch ein zweites Kind. Die drei müssten eigentlich ab und zu Seepferdchen am Strand sehen.

*

Bei den Seepferdchenartigen im Meer ist, aus menschlicher Sicht, alles eitel Wonne und die Ungerechtigkeit zwischen den Geschlechtern endlich aufgehoben. Der Vater kümmert sich um die befruchteten Eier, sein Bauch schwillt an, er erträgt die Schmerzen der Geburt und er wird innerhalb kürzester Zeit wieder geschwängert. Die Mutter besucht ihn treu und mit unaufhaltsamer Regelmäßigkeit täglich.

Wir bewundern bei Tieren das, von dem wir ahnen, dass wir es in unserer Menschengesellschaft auch anders machen könnten. Oder sollten. Es würde jedoch viel Geld kosten und scheint unbequem. Daher bleiben wir bei der Beobachtung und Bewunderung anderer Spezies, die etwas so machen, wie wir es uns wünschen. Dabei hält uns nichts auf, uns zu dem zu entschließen, was wir wollen – außer wir selbst.

Seepferdchen haben – anders als wir – keine Wahl. Sie produzieren, wenn sie Männchen sind, das Hormon Prolaktin, sobald sich befruchtete Eier in ihrer Bauchtasche eingenistet haben; sie haben keine Möglichkeit, dieses Hormon künstlich herzustellen und den Seepferdinnen zu verabreichen, damit die Papas des Meeres einmal ein wenig entspannen können und an ihrer Stelle die Mütter ausprobieren, wie es ist, 1500 Junge aus sich herauszupressen.

*

Auch auf den Sammelbildern des Süßwarenfabrikanten Verkade aus den 1930er-Jahren treten Seepferdchen stets paarweise auf.

Mit der Monogamie bei den Seepferdchen ist es so eine Sache. Daten deuten darauf hin, dass Seepferde das christlich-abendländische Ideal der monogamen Partnerschaft vor allem deshalb praktizieren, weil es aufgrund ihrer Lebensweise schon ein besonderes Glück ist, überhaupt auf eine zu treffen, die deine Eier befruchtet. Nachdem junge Seepferdchen Teil des Planktons sind und frei im Ozean treiben, erreichen die meisten von ihnen nie die sexuelle Reife, werden davor aufgefressen oder sterben an Unterernährung. Oder sie werden groß, finden eine gute Seegraswiese, um sich niederzulassen, aber dort ist kein anderes Seepferd und vor allem kein Weibchen. Wäre ich ein Seepferd, würde ich mich auch eng an meine Partnerin oder meinen Partner binden, wenn ich sie oder ihn erst mal gefunden habe. Neben einer zeitlichen Synchronisation der Paarungsbereitschaft könnten die allmorgendlichen Besuche der weiblichen Seepferde auch die Funktion haben, immer wieder nachzuschauen, ob er noch da ist, ob er nicht abgetrieben ist in die Tiefen des Meeres oder aufgefressen wurde.

Es gibt Hinweise darauf, dass manche Seepferdchenarten nicht ganz so monogam sind wie andere und das Paar nur für eine Saison zusammenbleibt, der Grad der ›Treue‹ zueinander also mit der Gelegenheit variiert, neue Partner zu finden.

Studien zeigen außerdem, dass die Männchen durchaus um Weibchen konkurrieren – vielleicht sogar kämpfen, obwohl diese Kämpfe nicht unbedingt leicht als solche erkennbar sind. Und sie zeigen auch, dass ab und zu geschummelt wird. Ein Weibchen befruchtet ein anderes Männchen, wenn ihr der Geruch ihres Partners nicht mehr gefällt. Auch nach einer experimentell herbeigeführten Trennung zeigen Weibchen der Art

Hippocampus erectus, die üblicherweise monogam leben, keine Vorliebe mehr für den ursprünglichen Partner, wenn sie nach einer Weile wieder vereint werden. Ohne künstliche Trennung bleiben sie dem Partner jedoch treu, lässt seine Gesundheit allerdings nach, schauen sich die Weibchen nach einem neuen Partner um, auch wenn der vorherige gerade schwanger ist. Dies alles wurde an der am East China Sea Fisheries Research Institute in einer Gruppe um Tinging Lin und Dong Zhang erforscht, und zwar in Experimenten, die in Zuchtbecken gemacht wurden. Anders ginge es nicht, trotzdem habe ich meine Zweifel, inwieweit diese Studien das reflektieren, was in den Meeren geschieht. Aus der Beobachtung in Aquarien auf die Wirklichkeit im Ozean zu schließen, scheint mir problematisch, da die Situation eine völlig andere ist. Ich schreibe Dong Zhang an die im Artikel angegebene Adresse, erhalte aber keine Antwort; auch auf ein zweites Schreiben nicht. Vielleicht ist er umgezogen?

*

Bei meiner weiteren Suche nach wissenschaftlichen Arbeiten zum Liebesleben von Fischen stoße ich auf Studien zum Orgasmus und die Tatsache, dass Forellen einen solchen vortäuschen können. Weibliche Forellen setzen ihre Eier normalerweise in Anwesenheit eines Männchens in eine Vertiefung in den Sand, die sie am Seeboden gegraben haben, und begleiten dies mit einem kräftigen Zittern des ganzen Körpers. Dieser Orgasmus ist für die männliche Forelle der Auslöser dafür, sein Sperma ins Wasser zu spritzen. Auch er zittert stark dabei. Aber manchmal zittert sie demonstrativ, ohne Eier abzulegen. Das geschieht, wenn sie sich dafür entscheidet, dass er doch nicht der Richtige für sie ist, oder testen will, wie stark und gesund er wirklich ist. Bei den Forellen kann ein Männchen leichterdings diverse Weibchen befruchten, sein Vorrat an Sperma ist groß genug. Eine weibliche Forelle allerdings muss dafür sorgen, dass ihre beschränkte Anzahl an Eiern vom bestmöglichen Vater befruchtet wird.

Zurück im Salzwasser finde ich eine Geschichte über Kardinalbarsche. Sie haben ihre eigene Agenda. Die Männchen tragen die Eier bis zur Reife in ihren Mäulern aus. In dieser Zeit können sie nichts fressen. Wird der Hunger zu groß, kann es schon einmal passieren, dass ein Vater die Brut verschluckt. Kardinalbarschmütter haben folglich eine Strategie entwickelt, das zu verhindern: Sie legen neben den echten Eiern eine Reihe von ›Dummy-Eiern‹, aus denen sich keine Nachkommen entwickeln und die dazu dienen, die Männchen für ihr väterliches Investment zu belohnen; die Dummys dürfen sie fressen, den Rest brüten sie mit gefüllten Mägen aus.

Als ich noch ein Seepferdchen war

Mittlerweile gibt es kaum mehr Tage, an denen ich nicht auf ein Seepferdchen hingewiesen werde. Auf einem Teller im Schaufenster eines Geschäfts für Küchenzubehör im Frankfurter Nordend ringelt sich das Schwänzchen, starren die Augen in die Ferne, dorthin, wo ich stehe, beugt sich der zarte Hals in blauem Strich auf weißem Porzellan. Keiner Art zuzuordnen, stilisiert, ohne jeglichen Halm eines Seegrases zum Festhalten, sogar ohne Wattestäbchen, begegnen mir diese Fische am häufigsten auf Teilen von Tafelgeschirr.

Auch als Symbol für Schwimmkurse für Kleinkinder sehe ich sie oft.

Manchmal begegnen sie mir als Schwarm: auf Socken, blaugrün, hübsch gedruckt auf schwarzer Baumwolle, als Pärchen an den Ohrläppchen junger Mädchen, und riesenhaft vergrößert blicken sie von der Plakatwand eines neu eröffneten Museums an mir vorbei. Gerne trägt man sie auf der Brusttasche eines Hemds oder mittig an Bauch oder Brust auf den Baumwollstoff eines T-Shirts gedruckt. Immer wieder entdecke ich sie auf Handtüchern, Waschlappen, auf den Fliesen von Toiletten und Badezimmern, als Mosaikverzierungen in Gärten.

Unlängst sah ich ein Seepferd auf einer Pokémonkarte. Es war hellblau, hatte eierschalenfarbene Flossen und Bauch, rote Augen, aus dem Kopf ragten beidseitig jeweils drei blaue Stacheln. Dass es Insekten frisst und Moos, das es von Steinen

Seepferdchen sind ein beliebtes Motiv auf Stoffen, die Wohlfühlcharakter ausstrahlen sollen.

abgrast, lese ich im Pokémon-Lexikon. Wenn es sich bedroht fühlt, spritzt schwarze Tinte aus seinem Maul. Sein Name ist Horsea, es nistet in Korallenriffen und nahe von Inseln mit geringen Strömungen. Beim Schwimmen verursacht es kleine Wirbel im Wasser; wenn zwei Horsea gegeneinander kämpfen, geht es darum, wer die größten Wirbel produzieren kann. Auch bei Horsea ziehen die Männchen die Jungen auf. Wie alle Pokémon kann es sich verwandeln, und zwar in Seadra, das weitaus böser und kampfbereiter aussieht, mit spitzen Zacken auf dem Kopf und einem aggressiv eingerollten Schwanz. Von diesem Zustand kann es zu Kingdra werden, ein Wesen, das irgendwie versteinert wirkt. Kingdra ist mächtig und imstande, durch Gähnen so starke Strömungen zu verursachen, dass Schiffe versinken; und wenn es will, verursacht es Tornados.

Mein Sohn, er ist acht, kennt Horsea gut. Hätte er gewusst, dass ich nicht nur im Meer nach Seepferdchen suche, sondern überall, hätte er es mir längst vorgestellt, sagt er.

Der im sächsischen Wurzen geborene Dichter Hans Gustav Bötticher entdeckte seine Hingerissenheit zu diesen wunderbaren Fischen, lange bevor sie boomten. 1901 heuerte er als Schiffsjunge an, um seiner Leidenschaft für die See zu frönen. Zart gebaut und mit großer Nase war er an Bord ideales Ziel für Spott und Schikanen der anderen Matrosen. Zurück an Land verdingte er sich als Schlangenträger, was tatsächlich meint, dass er half, Riesenschlangen vors Publikum zu tragen. Als er anfing zu veröffentlichen, legte er seinen bürgerlichen Namen ab und nannte sich fortan Joachim Ringelnatz – nach dem Seemannsausdruck für Seepferdchen, die Seefahrer als Glücksbringer ansahen. Selbstverständlich widmete er dem Talisman dann auch ein Gedicht.

Als ich noch ein Seepferdchen war,
Im vorigen Leben,
Wie war das wonnig, wunderbar

Unter Wasser zu schweben.
In den Träumenden Fluten
Wogte, wie Güte, das Haar
Der zierlichsten aller Seestuten,
Die meine Geliebte war.
Wir senkten uns still oder stiegen,
Tanzten harmonisch umeinand,
Ohne Arm, ohne Bein, ohne Hand,
Wie Wolken sich in Wolken wiegen.
Sie spielte manchmal graziöses Entfliehn,
Auf daß ich ihr folge, sie hasche,
Und legte mir einmal beim Ansichziehn
Eierchen in die Tasche.

Sie blickte traurig und stellte sich froh,
Schnappte nach einem Wasserfloh,
Und ringelte sich
An einem Stengelchen fest und sprach so:
Ich liebe dich!
Du wieherst nicht, du äpfelst nicht,
Du trägst ein farbloses Panzerkleid
Und hast ein bekümmertes altes Gesicht,
Als wüßtest du um kommendes Leid.
Seestütchen! Schnörkelchen! Ringelnaß!
Wann war wohl das?
Und wer bedauert wohl später meine restlichen Knochen?
Es ist beinahe so, daß ich weine –
Lollo hat das vertrocknete, kleine
Schmerzverkrümmte Seepferd zerbrochen.

Ich telefoniere mit Hermann und Holger vom Thünen-Institut. Der eine befindet sich auf einem Schiff, der andere ist gerade zu Hause in Hamburg angekommen. In dem Video-Telefonat sehe ich Holger in seinem Arbeitszimmer sitzen und Hermann im Steuerhaus, die Augen über den Laptop hinweg auf die Nordsee gerichtet. Während wir sprechen, liegt das Forschungsschiff im Hafen. Es ist schlechtes Wetter vorhergesagt, sie werden erst in ein paar Tagen wieder rausfahren.

Die beiden Wissenschaftler sind für das Monitoring von Jungfischen zuständig und damit seit Kurzem auch für Seepferdchen, da diese an der ostfriesischen Küste nun wieder häufiger gesichtet werden. Wobei die Frage ist, wie Hermann sagt, ob das Wörtchen ›wieder‹ korrekt sei, womöglich handele es sich nicht um ihre Rückkehr, sondern Neuansiedelung. »Weil das Wasser inzwischen warm genug ist. Seepferdchen mögen es nicht gerne kalt, sie ähneln in dieser Hinsicht den Menschen.« Unter Umständen müsste man die Tiere als invasiv bezeichnen, lacht er, weil er weiß, Seepferdchen sind den meisten sympathisch und viele würden sich freuen, beim Strandspaziergang oder Baden im Meer einmal einem zu begegnen.

Abgesehen von der höheren Wassertemperatur könnte auch die vermehrte Anwesenheit des Beerentangs *Sargassum muticum* den Seepferden nützen, eine Makroalge, die ursprünglich auf die Küste Japans begrenzt war, mit der Zuchtauster nach Amerika gelangte und später in die Nordsee. Die ersten Funde sind hier mit 1993 datiert, mittlerweile ist der Beerentang in Deutschland etabliert. Experten sehen das als unter Umständen durchaus positiv. Denn der Beerentang übernimmt ökologische Funktionen der verschwundenen Seegraswiesen, als

Kinderstube für Jungfische oder als Lebensraum für Seepferdchen. »Woran es sich festklammert, ist dem Seepferd egal.« Hermann ist guter Laune, die Expeditionen stellen Höhepunkte seines Arbeitslebens dar: »Gäbe es sie nicht, würde ich kündigen«, sagt er, »reine Schreibtischarbeit ist nichts für mich.«

Das Thünen-Institut erhebt wissenschaftliche Grunddaten, die der deutschen Bundesregierung als Entscheidungshilfe dienen sollen. Beim diesjährigen Monitoring sind die Forscher noch keinem Seepferdchen begegnet. Das Thünen-Institut plant in Kooperation mit dem Landesmuseum Oldenburg eine großangelegte Citizen-Science-Initiative, bei der die Bevölkerung angeregt wird, den Fund eines jeden Seepferdchens fotografisch zu dokumentieren und zu melden. Dadurch werde die Datenlage gewiss deutlicher werden, stimmt Holger zu.

Seit den 1930er-Jahren galten Seepferde im deutschen Wattenmeer als ausgestorben – unter der Annahme, dass sie in den Jahrhunderten davor tatsächlich dort lebten. Möglicherweise handelte es sich bei einstigen Funden jedoch um Irrgäste. Im niederländischen Wattenmeer wurden Seepferdchen nämlich kontinuierlich gesichtet. Dass sie so selten an Stränden angespült werden, ist ein Hinweis darauf, dass die Populationen klein sind. Zudem ist sogar im untiefen Wattenmeer schwer an sie heranzukommen. Einerseits sind sie zu Fuß kaum zu erreichen, da die Gezeiten längeres Verweilen auf dem Watt unmöglich machen; andererseits sind die Stellen, an denen sie leben, für Schiffe zu flach.

In den Niederlanden werden sie heute häufiger beobachtet als in Deutschland. Das liege womöglich an den Meeresströmungen und der Nähe zu England, wo Seepferdchen historisch durchgehend belegt sind, vermutet Hermann. Viele der jüngeren Funde seien Kindern zu verdanken; beim Muschelsammeln am Strand fällt ihnen etwas ins Auge, ein Stück Schwanz, ein Torso, und sie erkennen es sofort.

Weltweit nehmen die Bestände der Seepferdchen jedoch tagtäglich ab. Mit ihren Knochenplatten, Stacheln und Gräten sind sie eigentlich eine schwer verzehrbare Nahrung und haben nicht allzu viele Fressfeinde, dafür einen unerbittlichen: die Menschen. Die Bestände der europäischen Arten *Hippocampus hippocampus* und *Hippocampus guttulatus* sind innerhalb der letzten zehn Jahre um mindestens 40 Prozent weniger geworden. Das liegt an der fortlaufenden Zerstörung ihrer Lebensräume im Flachwasser, der Seegraswiesen und Algenwälder, am Eintrag von Pestiziden und Düngerresten von küstennaher Landwirtschaft, sowie der verrückt intensiven Befischung der Ozeane. Wahrscheinlich kommen jährlich mindestens 40 Millionen Seepferdchen weltweit als Beifang zu Tode.

*

Geschehnisse unter der Oberfläche der Ozeane sind für uns Menschen unsichtbar. Wir merken nicht, dass 80 Prozent des Meeresbodens des Mittelmeers kaputt sind und diese Zerstörung anhält, während wir in einem Strandcafé sitzen, Wasser trinken, frohgemut hinausblicken auf die blaue Fläche, während ich das also schreibe und Sie das lesen.

Es geschieht weit draußen, hinter dem Horizont und tief unten, viele Meter unter dem Meeresspiegel. Niemand war je dort, wir können nur ahnen, was da lebt. Die Vorgehensweise kennen wir von der Erdoberfläche, sie ist vergleichbar mit einer gigantischen Mahd. Doch hier geht es um keine Wiese, der die Spitzen abgeschnitten werden, die mittels ihres charakteristischen Dufts, der uns angenehm in die Nase steigt (solange wir keine Allergie haben), ihre Nachbargräser warnt: Hier wird geschnitten, rette sich, wer kann. Aber Gräser können sich nicht retten; sie können nur duften.

Auch in den Tiefen der Meere kann sich niemand retten.

Ganze Wälder werden dort wegrasiert und eingepackt, mit allem, was darin lebt. Als würden im Grunewald, im Spandauer Forst, im Wiener Wald mit einem 40 Meter breiten Rasiermesser Schneisen gerissen, bis auf den Grund, und alles Leben auf diesen Flächen würde eingesammelt: Rehe, Mäuse, Katzen, Hunde, Kaulquappen, Frösche, Schmetterlinge, Libellen, Gänseblümchen, Bäume, Brombeersträucher, Erdbeerpflanzen, Kleeblätter, Rosen, Marienkäfer, Junikäfer, Maikäfer, Mistkäfer, Blindschleichen, Ringelnattern, Eidechsen, Wildschweinbabys. Als kämen sie alle in einen großen Sack, in dem die meisten von ihnen bald ersticken. Wer das überlebte, würde, sobald es ans Sortieren geht, getötet. Übrig bliebe in solchen Schneisen nur aufgewühlte Erde, die Jahrzehnte braucht, um sich zu erholen.

Genau das geschieht in der Tiefsee. In der Nordsee. In der Ostsee. Am Mittelatlantischen Rücken, auch ›Alpen der Tiefsee‹ genannt, eine 20 000 Kilometer lange Gebirgskette im Atlantik – Island und die Azoren sind die Gipfel dieser Gebirge, die über die Wasseroberfläche hinausragen. Immer wieder wird dieses Unterwassergebirge mit Grundschleppnetzen befischt – jedes Mal ein Kahlschlag. Freilich gibt es Abkommen zwischen Staaten, denen Teile des Gebiets gehören oder die sie

1814 beschrieb der englische Zoologe William Elford Leach eine neue Spezies als Hippocampus antiquorum. *Später wurde klar, dass es sich bei den von ihm gefundenen Tieren um* H. hippocampus *handelte.*

benutzen, wie das Oslo-Paris-Übereinkommen (OSPAR), das die Schleppnetzfischerei in vielen Bereichen des Mittelatlantischen Rückens einschränkt oder verbietet.

Eine Fläche in der ungefähren Größe Italiens gilt seither als Meeresschutzgebiet zwischen den Azoren und Island. Aber wie klein ist Italien im Vergleich zur gesamten Erde, und was genau bedeutet ›eingeschränkt‹ in diesem Zusammenhang?

Tatsache ist, dauernd befahren riesige Grundschleppnetzschiffe die Ozeane und rasieren sie kahl. Oft lebt auf dem gefischten Ozeanboden schon kaum mehr jemand, weil die Fläche viele Male mit Schleppnetzen geschoren worden ist. Die dabei gefangenen Fische ernähren nur zu einem geringen Teil Menschen. Ein Großteil davon wird als sogenannter Beifang zermalmt und in der Bioindustrie als Futter für Zuchtvieh oder die Fischzucht verwendet.

Manchmal beträgt der Beifang bereits 99 Prozent des Fangs.

Die Ozeanböden sind leer.

Seepferde gehören selten zu Opfern der Grundschleppnetzfischerei (*trawling*), sie kommen in den betroffenen Tiefen nicht vor. Pro Trawler handelt es sich meist um zwei oder drei Individuen. Manchmal werden die aussortiert, getrocknet, gebleicht und am asiatischen Markt gewinnbringend verkauft. Meist allerdings werden sie mit dem Rest zu Fischfutter zerrieben.

Das Gefährliche ist nicht der Verlust individueller Exemplare, auch wenn sie in Summe Millionen sinnlos gefangene Tiere ergeben. Grundschleppnetze zerstören die Vegetation der Meeresböden, vernichten damit die Lebewesen, die am besten CO_2 absorbieren könnten. Mehr noch: Durch die Fangvorrichtungen wird aus dem aufgewühlten Sediment Kohlendioxid freigesetzt – die Ozeane werden sauer.

Sollten sie nicht eigentlich fuchsteufelswild werden?

Intakt bewachsene Ozeanböden speichern ungeheure Mengen Kohlendioxid, fotosynthetisierende Meereslebewesen wie Plankton, Algen, Seegräser verbrauchen große Mengen des Gases, sie würden – so wir sie ließen – die Klimaerwärmung drosseln; in dieser Hinsicht sind sie ebenso wichtig wie die tropischen Regenwälder. Doch weil es unter der Oberfläche der Meere geschieht, tangiert es uns zu wenig.

Ähnlich wie das rasante Mähen von Grasflächen, sobald die grünen Spitzen wieder zehn Zentimeter erreicht haben, an vielen Orten vor allem eine Gewohnheit ist, bei der tonnenweise Insektenlarven sterben, aus denen Schmetterlinge geworden wären, und Blätter, die Kohlendioxid fixiert hätten, ist die Fischerei mit Grundschleppnetzen eine analog sinnentleerte Praxis. Sie macht niemanden satt, nur wenige reich.

Damit aufzuhören, jetzt gleich, wäre möglich; Fischereibiologen fordern das seit Jahrzehnten.

Seit 2016 gibt es per EU-Verordnung (Verordnung 2016/2336) ein Verbot von Grundschleppnetzen für europäische Trawler in Tiefseeregionen des Atlantiks: In Gewässern der EU darf ›nur mehr‹ bis in eine Tiefe von 800 Metern gefangen werden.

Doch wer sieht, was hinter dem Horizont, weit draußen über dem Mittelatlantischen Rücken geschieht? Welche Gesetze könnten regeln, was im Indischen Ozean geschieht, während man im Königreich Bahrain überlegt, eine seepferdchenförmige künstliche Insel zu errichten?

Wir sehen es. Und wir können Gesetze beschließen, die vorsehen, dass die Arten der Gattung *Hippocampus* Tantiemen bekommen, wenn ihre Form für das Errichten einer Insel benutzt wird. Wir können veranlassen, dass wir den Meeresgrund für die Grundschleppnetzfischerei von den Meerestieren pachten, dass wir ihnen horrende Beträge dafür bezahlen müssten, die diese Praktiken schlicht unrentabel machen.

Urlaub für Meereslebewesen

Dort, wo sonst große Dampfer anlegen, ist grünlich glitzerndes Wasser zu sehen; immer wieder taucht die Schnauze des Delfins auf und wieder unter, geschmeidig gleitet das Tier hin und her, vollführt spielerisch erscheinende Drehungen. Bevor der Film abbricht, ist eine Stimme zu hören, die sagt: *E che mi tuffo e l'abbraccio adesso* – Jetzt spring ich rein und umarme ihn. Das Video von Delfinen im Golf von Venedig, aufgenommen im März 2020, wurde zigtausendfach geteilt. In den Nachrichten war die Rede von einem positiven Nebeneffekt der Pandemie; in Abwesenheit der durch das Virus in ihre Häuser verbannten Menschen eroberten die Tiere ihre Räume zurück.

Das würde uns gefallen und erleichtern, ließe sich jahrzehntelange Übernutzung durch Massentourismus mit einigen Wochen Pause auslöschen. Bald stellte sich heraus: Das Video war gar nicht in Venedig aufgenommen worden, es stammte aus dem Hafen von Cagliari, Sardinien, wo Delfine weitaus häufiger anzutreffen sind. Eine herbe Enttäuschung – für diejenigen, die genau nachlesen, denn die anderen bekamen gar nicht mit, dass es sich um eine Falschmeldung gehandelt hatte. Ungefiltert und tief prägten sich die Bilder der schwimmenden Säugetiere im Golf von Venedig ins kollektive Gedächtnis ein. Wenig später wurden tatsächlich Delfine im Canale della Giudecca gesichtet. Vom Markusplatz aus sah man das Paar Richtung Canal Grande schwimmen.

In seinen 1691 veröffentlichten Bericht über eine Reise nach Italien inkludierte der Schriftsteller François Maximilien Misson auch eine Illustration eines Seepferdchens.

In den ersten Wochen der strengen Lockdowns zu Anfang der Pandemie im Jahr 2020 gab es erstaunliche Sichtungen von Seepferdchen. Die BBC berichtete von Studland Bay an der Jurassic Coast, südlich von Dorset: Bei einem einzigen Tauchgang wurden 16 Seepferde gezählt, darunter schwangere Männchen und Jungtiere. In den Jahren davor waren die Lebendbeobachtungen stetig zurückgegangen. Funde toter Tiere kamen regelmäßig vor, aber in den Jahren 2018 und 2019 war kein einziges lebendiges Seepferd mehr verzeichnet worden. Und nun, Ende Mai 2020, unversehens so viele auf einmal! Das musste ein Zeichen dafür sein, dass die Seegraswiesen in der Region sich erholten und wieder Versteckmöglichkeiten boten.

Ob das wirklich etwas mit dem damals erst wenige Monate andauernden Lockdown zu tun hatte? Jedenfalls bewirkte er auch in Südengland, dass weniger Boote unterwegs waren, weniger Taucher*innen, weniger Wassersportler*innen. Studland Bay gehört zu einem Küstenabschnitt, der als Weltnaturerbe deklariert ist, seit 2019 ist die Bucht Schutzgebiet.

Vielleicht sind die Beobachtungen aus dem Frühjahr 2020 vor allem der Tatsache zu verdanken, dass in der Menschenwelt ausreichend Muße herrschte, um in Ruhe nach den stillen *Hippocampi* zu schauen. Ein Indiz dafür, dass auch marine Organismen Urlaub bräuchten, eine mehrwöchige Pause von den terrestrischen Gästen, die in ihr Revier eindringen, sind sie jedenfalls. Wir sollten den Lebewesen im Meer alljährlich einen Monat Ferien von den Menschen gönnen.

*

Der Zug, mit dem ich nach Venedig fahre, ist vollkommen leer, bis auf mich. Ich frage den Schaffner, was los ist. Sei die Fahrt, die ich gerade anträte, eventuell noch verboten? Sein Kopfschütteln will mich ermutigen: Dies sei schlicht der erste Zug nach Venedig nach langer Zeit, die Leute wüssten noch nicht, dass es die Verbindung wieder gibt. Ich setze mich, einigermaßen beruhigt. Was mir bisher als wünschenswert erschienen wäre, nicht nur ein Abteil, sondern vielleicht sogar einen Waggon für mich allein zu haben, ist jetzt viel weniger angenehm als gedacht. Ich höre nur die Räder auf den Schienen, Metall auf Metall, keine Stimmen, die Landschaft höre ich vorbeiziehen und ab und zu ein Zischen. Sonst nichts.

Es ist ein Tag im Juni 2020.

Bei Ankunft in der Lagunenstadt entdecke ich das Schiff der Milliardärin Horten nahe dem Bahnhof vertäut – lässt sich das bei einer Yacht dieser Ausmaße noch so nennen? Die Carinthia VII ist fast 100 Meter lang und hat 4 Stockwerke, sie wurde in Bremen gebaut und von einem Londoner Designer namens Heywood entworfen. Heidi Horten, geborene Jelinek, gestorbene Goëss-Horten, besaß lange auch ein kostbares Schmuckstück, das einst zu den bayrischen, dann zu den österreichischen Kronjuwelen gehört hatte, einen Diamanten mit dem Namen ›Blauer Wittelsbacher‹, den sie von ihrem ersten Mann zur Hochzeit bekommen und nach seinem Tod für mehr als 23 Millionen verkauft hatte. Sie habe Tiere gern, wird Frau Horten anlässlich der Eröffnung des von ihr gestifteten Privatmuseums für ihre Kunstsammlung in Wien ein paar Jahre später sagen. Seepferde oder andere Meerestiere entdecke ich in der Ausstellung nicht. Ein goldener Hase mit Halskrause ist da, ein Elefant auf einem Tuch, ein violettes Schwein mit Ziehharmonikabauch, ein Affe aus Bronze. Jemand hätte sie beraten müssen, ihr mitteilen, was sie mit dem Erlös des Wittelsbachers alles für das Wohl der Seepferde hätte tun können. Jemand hätte ihr sagen sollen, dass sie wohlhabend genug war, um effektiv gegen Bodenschleppnetzfischerei aufzutreten. Dass sie den Seepferdchen in der Lagunenstadt ihre eigene Bucht kaufen könnte, inklusive Seegraswiesen und abwasserfreiem Plankton.

Am Bahnsteig hatte ein Bahnbeamter an meiner Stirn die Temperatur gemessen. Nach zwei Sekunden stellte sich heraus, dass sie dem für einen Besuch Venedigs derzeit festgelegten Normwert für menschliche Hautwärme entsprach.

Auf Murano, der Insel der Glasfiguren, entdecke ich dann sofort Seepferdchen. Tiefes Türkis fließt im Inneren ihrer Glaskörper, sie haben Schnäuzchen, die sie aufreißen, als würden sie verdursten, tropfenförmige Augen, transparente Ohren wie hornlose Einhörner und am Rücken etwas, das aussieht wie vier einzelne Flügel. Die eingeringelten Schwanzenden kleben an Sockeln, wunderlich verknüllte hellgelbe Blüten umringelnd. Sie tragen ein Preisschild von je 1000 Euro, werden nur als Pärchen verkauft. Neben dem Preis sehe ich eine Notiz: *Sold*.

Ich bezahle eine Wochenkarte für die Benutzung der Vaporetti, miete mich in einem Hotel am Lido ein. Hier war es einst gang und gäbe, Seepferdchen zu finden, erzählen mir Ortsansässige, als Kinder fingen sie welche mit kleinen Netzen, wie sie immer noch an vielen Kiosken verkauft werden. Ab und zu taten sie eins der gefangenen Tiere in einen Eimer, fügen sie mit schlechtem Gewissen hinzu, und beobachteten ihre eleganten Bewegungen, bis sie es abends freiließen, denn es würde auch nach Hause müssen, hätte gewiss Familie zu versorgen, wie sie sich vorstellten. Mittlerweile sind sie meist bereits mit den Enkeln am Strand unterwegs, die nie ein Seepferdchen erwischen. Stattdessen holen sie Algen und menschliche Artefakte wie Verschlüsse von Sonnencremetuben aus dem Wasser. Oft werden die Netze vergessen und beim nächsten Sturm weggeweht, zerfetzt und die Teile irgendwohin gespült.

*

Einen Monat vorher hatte ich gelesen, dass ein Junge ein Seepferdchen aus dem Canale della Giudecca gefischt habe. Er war mit einer Angel unterwegs gewesen, hoffte auf einen kleinen Fisch, und plötzlich hatte er etwas gefangen, das er zuerst wieder ins Wasser geben wollte, sah es doch aus wie ein schlammiges Algenbündel. Dann realisierte er, was es war. Er legte es auf einen flachen Stein, fotografierte es, warf es zurück. Seine Mutter informierte dann das Naturhistorische Museum oder die Medien, in welcher Reihenfolge, weiß ich nicht. Ein Experte vom Museum jedenfalls identifizierte das Tier vom Foto her als *Hippocampus guttulatus*, ein schwangeres Männchen.

Folglich bin ich einigermaßen zuversichtlich. Ist es mir weder auf Hawaii noch in Australien oder Neuseeland noch im Wattenmeer, in Frankreich, auf Sardinien oder in Südafrika gelungen, ein Seepferdchen in seiner natürlichen Umgebung zu Gesicht zu bekommen, bleibt immerhin die Chance, dass ich es hier nun sehen werde, in einer Gegend, wo ich mich auskannte, wo auch ich als Kind schon geschwommen bin – an der Adria, unweit von Venedig, an einem der nächsten Zugänge zum Meer für Leute aus den Alpen wie mich.

Die nächsten Tage sind ziemlich heiß. Es ist jetzt Anfang Juli; zwei Wochen, nachdem von dem Fund des Jungen in der Giudecca berichtet wurde, tauche ich ins Mittelmeer. Der Weg bis zum Wasser ist kurz, trotzdem brennt der Sand unter meinen Sohlen, ich wünschte, ich könnte fliegen, kann es aber nicht und renne mit brennenden Füßen in die Brandung.

Flossen anziehen, Taucherbrille aufsetzen, los geht es. Unter Wasser ist der Sand sauber. Nichts liegt da, kein Müll. Ich sehe Menschenbeine, in Froschbewegungen, um vorwärts zu kommen. Nach fünfzehn Minuten ist mir kalt. Trotz Schnorchel habe ich eine ganze Menge Salzwasser geschluckt; in meinem Mund ein brackiger Geschmack, mit einem Hauch Plastik, als hätte ich zu lange nicht Zähne geputzt.

Ich versuche es zu verschiedenen Tageszeiten an verschiedenen Stellen des Lido, an der Ostseite, an der Westseite. Langsam kennen die Kellner*innen in den Bars mich schon, sie wissen, was ich gerne trinke.

Ich verbringe drei bis vier Stunden täglich im Wasser. Abends bin ich ausgelaugt, an Fingern und Zehen bilden sich wiederholt Fältchen, die sich nicht sofort zurückbilden. Mit meinen Flossen schwimme ich wie eine Fischin aus der Gruppe der Syngnathidae, langsamer als alle anderen Fische, nur Seegurken kann ich einholen, die liegen bewegungslos auf dem Sand. Sie schlafen, während es hell ist über dem Lido, nur nachts bewegen sie sich wie kleine Staubsauger über den Meeresgrund. Die Sicht ist relativ gut, vor allem morgens, bevor die Schnorchler*innen und Schwimmer*innen den Boden aufwirbeln.

*

Bei meiner Erforschung der Seepferde bin ich nur wenigen Personen begegnet, die sie tatsächlich im Meer beobachtet haben, Auge in Auge. Ruud Knijn, Fischereibiologe aus Amsterdam, hat sie in Zeeland gesehen, im Süden der Niederlande, in einem Gebiet, das einst Flussmündung war und jetzt durch Deiche unter Kontrolle gehalten wird, damit es zu keinen Überschwemmungen kommt, wie zuletzt 1953, als hier zahlreiche Menschen bei einer Hochwasserkatastrophe starben. Die Oosterschelde, wie der Landstrich heißt, zeugt vom Streben der Niederländer, dem Meer Land abzugewinnen. Die Dämme der Deltawerke halten in beeindruckender Weise das Wasser im Zaum, sodass ich den Eindruck gewinne, wäre die ganze Erde überschwemmt, würde hier, unter dem Meeresspiegel, der letzte trockene Fleck sein – bewacht von den Niederländer*innen, den Meister*innen im Dämmebauen.

»Sie drehen sich immer mit der schmalen Seite zu dir«, erzählte Ruud von seinen Begegnungen mit den Seepferdchen, »und sie schauen dich mit ihren irren Augen an.« Er ist ihnen wiederholt begegnet. Nicht nur in den Niederlanden, auch in Curaçao, wo er während seiner Studienzeit arbeitete. Was ihn außer der Tatsache, dass sie sich immer zur Seite drehten, fasziniere, sei ihre Zartheit. »Sie sind viel kleiner, als ich dachte. Ich war jedes Mal wieder überrascht davon, dass da ein Wesen von weniger als zehn Zentimeter Größe vor mir schwamm. Als ich Student war und noch nie eins gesehen hatte, stellte ich sie mir größer vor.« Ruud zeigte mit den Händen eine Spanne von ungefähr 30 Zentimetern, also die maximalen Ausmaße eines Exemplars der großwachsenden Arten wie *Hippocampus abdominalis*. Mittlerweile taucht Ruud nur mehr selten. Er ist

Im 13-minütigen Film L'Hippocampe *gelingt es Jean Painlevé, Szenen aus dem Leben von Seepferdchen eindrucksvoll auf Film zu bannen.*

an der Universität in anderen Bereichen tätig, seine Arbeit zielt aber letztlich nach wie vor darauf ab, den Planeten, auf dem wir leben, als etwas zu erhalten, auf dem, neben dem Menschen, auch andere Lebewesen Platz haben.

In Gedanken daran steige ich an der Südspitze der felsigen Sandbank, die der Lido im Grunde ist, ins Mittelmeer. Es ist eine sichere Schwimmzone, keine gefährlichen Tiere, keine gefährlichen Menschen. Ich entferne mich unbesorgt von meiner Familie und kehre dann wieder zu ihnen zurück. Als ich diesmal aus dem Wasser komme, habe ich sie jedoch verloren. Ich muss verdriftet sein, finde weder bekannte Handtücher noch das Häufchen Kleider, das ich hinterlassen habe. Mit den Flossen in der Hand trabe ich den glühenden Sand entlang, froh über die Matten aus Plastik, die ausgelegt sind; stellenweise sind sie kühler als der Strand. Immer wieder stecke ich meine Füße ins Wasser, springe weiter, versuche mich daran zu erinnern, wie denn die Stelle nur aussah, an der ich meine Familie zurückgelassen habe. Ich laufe an Tausenden Menschen in Badekleidung vorüber, kenne niemanden, komme mir sehr dumm vor, meine Haut verbrennt an der Sonne.

Ich spreche eine Dame an, wie spät es ist, frage ich sie. Ich habe jegliches Zeitgefühl verloren, meinem Gefühl nach suche ich seit Stunden. Sie sieht mich prüfend an. »Kann ich Ihnen helfen?«, fragt sie. »Suchen sie etwas?« Ja, alles, hätte ich sagen wollen, mir ist schrecklich heiß, gleichzeitig komme ich mir lächerlich vor, wie ich nackt vor einer Fremden stehe. Es stellt sich heraus, dass die Frau gut Deutsch spricht, aus Argentinien stammt und seit vierzig Jahren in Venedig lebt. Sie versteht es, mich zu beruhigen. Ich würde die zwei spätestens im Hotel wiederfinden, sagt sie, ich könne doch ein Taxi nehmen und dann im Hotel bezahlen; alles wird sich einrenken. Ja, antwortet sie dann auf meine Frage, sie hätte Seepferdchen gesehen am Lido, früher, vor dreißig, fünfunddreißig Jahren, als ihre Kinder klein waren und sie die Sommer am Strand verbrachten. Jetzt schon lange nicht mehr. Zum Abschied empfiehlt sie mir unaufgefordert ein gutes Fischlokal, das beste der Stadt, versichert sie.

Die Begegnung stellt meine Verbindung zur Umgebung wieder her, ich bitte in einer Bar um ein Glas Wasser, setze mich in den Schatten. Als das Glas leer ist, höre ich meinen Namen. Zwei vertraute Silhouetten stapfen an der Wasserlinie entlang über den Strand. Um sich vor der Sonne zu schützen, haben sie Handtücher über Kopf und Nacken gelegt, das kleinere Wesen schleppt meine Tasche, als wäre sie bleischwer. Sie sehen mich in dem Moment, da ich aufspringe, um zu ihnen hinzulaufen.

*

Am nächsten Morgen breche ich im Morgengrauen auf; es wird mein letzter Versuch sein, ein Seepferdchen zu treffen. Ich radle die zwölf Kilometer bis zu der Stelle, an der ich am Vortag ins Meer gestiegen bin. Heute ist es spiegelglatt. Ich bin die Erste, die den Spiegel bricht; eine Taucherin, der fortwährend die Luft ausgeht, mit Flossen aus Silikon. Langsam schwimme ich zu einem dunkleren Fleck auf dem Sand, tags zuvor war hier zu viel los gewesen, um diesen Fleck Seegraswiese zu untersuchen, Menschen auf Luftmatratzen und mit Schwimmflügeln hatten Schatten auf die Unterwasserpflanzen geworfen wie große Prädatoren. Ich schwimme vorsichtig, versuche, den Boden nicht zu berühren, gleichmäßig und sanft mit den Flossen zu schlagen. Neben dem bewachsenen Ort gibt es einzelne Felsen; ich hole Luft, tauche senkrecht nach unten, ein paar Flossenschläge und meine Brille ist nur wenige Zentimeter von einer Seegurke entfernt, da ist noch eine, und noch eine. Reglos liegen sie da. Ich muss wieder auftauchen.

Ein paar Meter weiter südlich tauche ich nochmals ab, in meinen Ohren gluckst es, schmerzt es, ich schlucke, blase Wasser durch die Nase aus, der Druckausgleich gelingt, mein Kopf fühlt sich wieder klar an, anderthalb Minuten wirst du doch auskommen mit dem Sauerstoff in deinem Blut, sage ich mir selber, eine Goldbrasse schwimmt an mir vorüber, ein Stück Oktopus ragt aus einem Felsloch, ich will noch um eine Ecke schauen, da ist doch irgendwas ungewöhnlich im Seegras – ich nehme mich zusammen, unterdrücke den Impuls zu atmen, das soll das Allermenschlichste sein, habe ich einmal gelesen, dass wir unsere Anwandlungen unterdrücken können, unsere Wünsche zurückdrängen.

Was ich sehe, ist höchstens 4 Zentimeter groß, versteckt zwischen Stängeln von Tanggras, gut getarnt, grünlich-braun, ähnlich einem Stück Holz oder einem halb verfaulten Tanggras (*Cymodocea nodosa*). Ich sehe es vor allem, weil es das Schwänzchen um einen orange-weiß-gestreiften Strohhalm geringelt hat, eine exotische Pflanze, die der Brandung besonders gut widersteht.

Ich muss auftauchen, Luft holen.

Als ich noch mal untertauche, ragt der Halm leer aus dem Sand.

Das Tier ist verschwunden.

Portraits

Seepferdchen sind einerseits eindeutig als solche zu erkennen, keine andere Gattung ähnelt ihnen zum Verwechseln. Andererseits ist das Bestimmen nicht einfach. Unterschiedliche Arten gleichen einander, zugleich kann innerhalb einer Art die Bandbreite des Aussehens sehr variabel sein. Das kommt unter anderem durch die besondere Fähigkeit der Seepferdchen, ihr Äußeres, insbesondere die Farbe ihrer Körper, an ihre Umgebung anzupassen. Junge Seepferdchen können ganz anders aussehen als erwachsene, während des Wachsens verändern sich die Proportionen.

Expert*innen können sie anhand gewisser Merkmale bestimmen: Größe, Anzahl der Knochenringe des Rumpfes und des Schwanzes, Länge der Schnauze im Verhältnis zum Kopf (diese entscheidet über die Zugehörigkeit zum Langschnäuzigen oder Kurzschnäuzigen Seepferd), Höhe und Form der Krone, Zahl und Form von Stacheln, Anwesenheit von Dornen über den Augen, Zahl der Strahlen in den Brust- und Rückenflossen, Muster wie Punkte oder Streifen.

57 Arten sind derzeit bekannt. In den letzten Jahren wurden allerdings erstaunlich viele neu entdeckt (erstaunlich deswegen, weil die Wirbeltiere, zu denen die Seepferdchen gehören, eigentlich recht gut bekannt sind), besonders bei den Zwerg- oder Pygmäenseepferden. Wahrscheinlich gibt es also noch einige Seepferdchen, die wir noch nicht kennen.

Langschnäuziges Seepferdchen

Hippocampus guttulatus G. CUVIER, 1829

Long-snouted seahorse
Hippocampe à long bec

Ein Exemplar dieser Art war im Besitz von Carl von Linné, als er die Gattung *Hippocampus* beschrieb. Ihre Schnauze nimmt mehr als ein Drittel der Kopflänge ein. Sie leben bis zu 5 Jahre, werden maximal 22 Zentimeter groß und wiegen ungefähr 14 Gramm. Ihre Färbung kann von gelb über grünlich bis rötlich braun stark variieren, weil sie sich an den jeweiligen Untergrund anpassen, um möglichst unsichtbar zu sein. Auf diese Weise verstecken sie sich vor Fressfeinden, tarnen sich so aber auch beim Beutefang. Der ganze Körper ist meist von weißen Punkten übersät, die oft dunkel umrandet sind, auf dem Rücken finden sich manchmal blassgoldene Sättel. Auf dem Kopf besitzen sie eine Krone, davor einen Stachel, auch die Augen sind häufig von Stacheln umrandet. Den Nacken hinunter bis zur Rückenflosse tragen sie eine Reihe von Hautfäden, die einer Mähne ähneln. Die Tiere leben im Flachwasser, in Lagunen, auf felsigen oder kiesigen Böden, wo auch Seegraswiesen zu finden sind, und bevorzugen Wassertiefen bis etwa 20 Meter. Die im Schwarzen Meer vorkommenden Populationen werden von manchen als eigene Art betrachtet. Eine 2003 in der Ukraine geprägte Münze ziert daher ein Langschnäuziges Seepferdchen.

♂

Pazifisches Seepferdchen

Hippocampus ingens GIRARD, 1859

Giant seahorse
Hippocampe géant

Diese Art ist die größte aus der Gattung *Hippocampus*. Die Tiere können – von Kopf bis Schwanzende gemessen – 30 Zentimeter Länge erreichen. Farbe ist hier kein geeignetes Charakteristikum zur Bestimmung. Die Palette reicht von intensivem Rot mit weißen Flecken oder Streifen über Violett, Schlammfarbig, Grau, Goldgelb zu Orange mit braunen Streifen.

Das Pazifische Seepferd lebt seinem Namen entsprechend an den Küsten Kaliforniens bis Chile, auch vor San Diego ist es gesichtet worden. Von den Ozeanischen Inseln ist es nur aus Galapagos bekannt. Es lebt in Mangrovenwäldern, Seegraswiesen, an steinigen Riffen, auf Korallenriffen und auf Schwämmen, ist also relativ flexibel, was den Lebensraum angeht. Ab einem Alter von etwa einem halben Jahr und einer Größe von 6 oder 7 Zentimetern werden die Tiere sexuell aktiv und können sich fortpflanzen. Die Männchen können bis zu 2000 Eier auf einmal ausbrüten. Nach 14 Tagen Schwangerschaft gebären sie über mehrere Stunden ungefähr 9 Millimeter kleine Junge. Evolutionär entwickelte sich diese Art wahrscheinlich aus *H. reidi* nach Hebung des Isthmus von Panama, der den Pazifik von der Karibischen See trennt und die Landbrücke zwischen Süd- und Nordamerika darstellt, also vor etwa 3 Millionen Jahren.

Tigerschwanz-Seepferdchen

Hippocampus comes CANTOR, 1850

Tiger tail seahorse
Hippocampe à queue tigrée

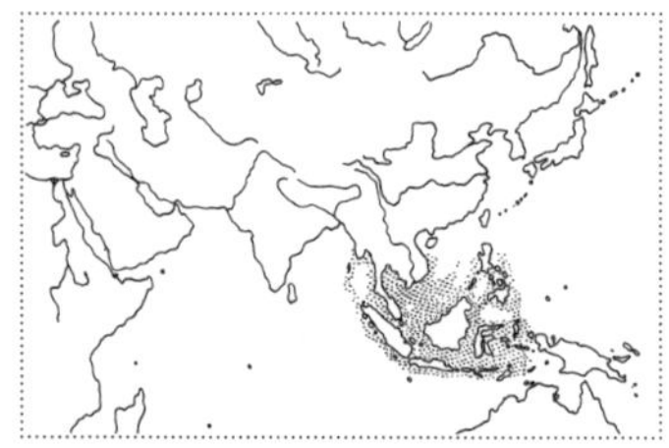

Von dieser von einem dänischen Arzt und Naturforscher Mitte des 19. Jahrhunderts in Malaysien entdeckten Art ist ein starker Rückgang innerhalb der letzten Jahrzehnte belegt. Es handelt sich bei ihnen um beliebte Aquarienfische, die beispielsweise in den Philippinen lange Zeit intensiv für den Handel als Lebendfische gefangen wurden. Daneben war und ist *H. comes* nach wie vor in der Traditionellen Chinesischen Medizin und als Potenzmittel beliebt. Die Lebensräume in tropischen Korallenriffen, Schwammgärten und Kelpwäldern werden fortwährend zerstört. Die Doppeldornen, die das Tigerschwanz-Seepferdchen an den Wangen besitzt, sowie die zweiteiligen Augendornen dienen leider nicht als Verteidigung gegen die Zerstörung ihrer Habitate. *H. comes* wird bis zu 15 Zentimeter groß, die Tiere kommen in warmen Gewässern (über 22° C) in Tiefen bis zu 30 Metern vor, bevorzugen aber Stellen in der Flachwasserzone knapp unter dem vom Tidenhub nicht ständig überfluteten Bereich. Sie sind nachtaktiv und brüten das ganze Jahr über. Sie sind meist gelb oder schwarz gefärbt, manchmal alternierend, und besitzen einen gestreiften Schwanz, daher der Name. Bei dunklen Exemplaren sind die Streifen allerdings nicht immer erkennbar.

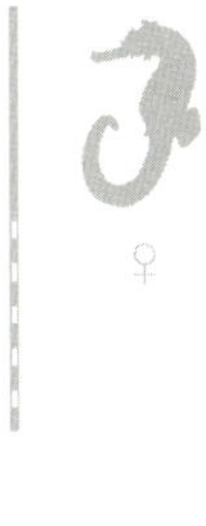

Kurzschnäuziges Seepferdchen

Hippocampus hippocampus LINNAEUS, 1758

Short-snouted seahorse
Hippocampe à museau court

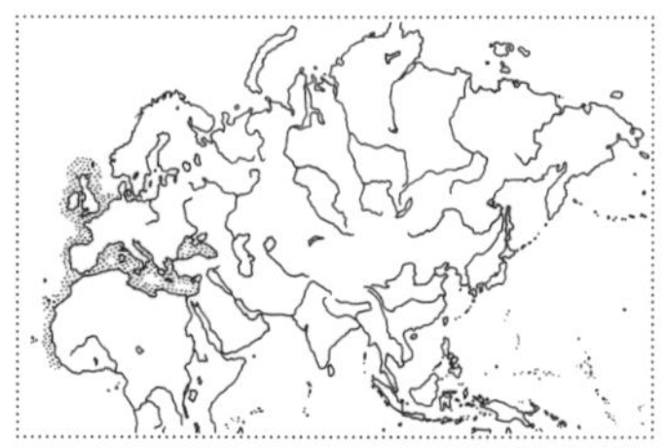

Zwei über den Augen hervorstechende Dornen gehören zu den Besonderheiten dieser Art. Sie unterscheiden sie von *H. guttulatus*, wie auch die Schnauze, die bei *H. hippocampus* weniger als ein Drittel der Kopflänge ausmacht. Ein anderes Unterscheidungsmerkmal ist die Anzahl der Rückenflossenstrahlen, bei *H. guttulatus* sind das 19 oder mehr, während *H. hippocampus* auf der Rückenflosse, die dem Antrieb dient, höchstens 18 Strahlen besitzt. Mit einer Maximalgröße von 15 Zentimeter ist das Kurzschnäuzige Seepferdchen deutlich kleiner als das Langschnäuzige. Diese Art kommt vor allem in Europa vor, im seichten Meereswasser in Seegraswiesen, manchmal auch in Flussmündungen. Voraussetzung ist ein dichter Pflanzenbewuchs, der den Tieren bei der Tarnung hilft. *Sargassum muticum*, ursprünglich nur in Japan vorkommend, breitet sich seit einigen Jahren in der Nord- und Ostsee und im Nordatlantik stark aus. Die von dieser als invasiv geltenden Makroalge gebildeten Unterwasserwälder bieten dem Seepferdchen Unterschlupf und tragen vermutlich dazu bei, dass es sich in den nordeuropäischen Gewässern, in denen es sehr selten war, langsam ausbreitet.

Gestreiftes Seepferdchen

Hippocampus erectus PERRY, 1810

Lined seahorse
Hippocampe rayé

Diese Art ist beliebt bei Aquarianer*innen. Sie gilt als relativ einfach zu züchten und wird, vor allem in China, in großangelegten Brutprogrammen auch kommerziell aufgezogen. Gleichzeitig wird sie seit mehr als 20 Jahren von der IUCN als gefährdet eingestuft. Ihr Rückgang in den freilebenden Populationen ist auf die starke Befischung der Ozeane zurückzuführen. In Nordamerika werden *H. erectus* oft als Beifang von Shrimp-Trawlern an die Oberfläche gebracht. Im Seahorse Research Center im Osten von China, in Qionghai City, hingegen leben Zehntausende Individuen dieser Art in einer Zuchtstation.
Die optimale Temperatur des Wassers für die Zucht liegt bei 26 bis 28° C. Die Dauer der Schwangerschaft hängt von der Größe der Tiere ab. Bei 17 bis 20 Zentimeter Größe dauert sie 14 bis 20 Tage, sind die Seepferde kleiner, kommen die Jungen schon nach 12 bis 15 Tagen aus den Bruttaschen. Sie bevorzugen lebendiges Futter, vor allem Ruderfußkrebse, gewöhnen sich aber auch an handelsübliche tiefgefrorene Glaskrebse und Schwebegarnelen (*Mysis*). *H. erectus* lebt im westlichen Atlantik in eher seichtem Wasser bis maximal 70 Meter Tiefe an Wasserpflanzen wie Mangroven, Schwämmen, Seegräsern oder schwimmendem Tang. Pro Geburt kommen 250 bis 300 Junge ins Meer.

♀

Karibisches Langschnauzen-Seepferdchen

Hippocampus reidi

GINSBURG, 1933

Slender seahorse

Hippocampe à long-nez

Diese tropische Art ist wahrscheinlich das meistverkaufte und -gezüchtete Seepferdchen der Erde. Es kann bis zu 26 Zentimeter groß werden, die meisten werden aber nur etwa 18 Zentimeter lang. Die Art ist an sich weit verbreitet. Überfischung über Jahrzehnte hinweg hat jedoch dazu geführt, dass *H. reidi* mittlerweile von der IUCN als gefährdet eingestuft wird. Wegen ihrer tropischen Herkunft sind die Tiere eigentlich das ganze Jahr über zur Fortpflanzung fähig. Das macht sie in der Aquakultur beliebt, da Nachzuchten relativ leicht möglich sind. Der internationale Handel von *H. reidi* steht unter Kontrolle des Washingtoner Artenschutzabkommens, die Haltung ist meldepflichtig. Wer *H. reidi* kaufen möchte, muss also darauf achten, dass die Tiere aus Zuchten stammen. Um sich verpaaren zu können, brauchen Seepferde ein ausreichend hohes Becken, 70 Zentimeter oder mehr sind ideal. Seepferdchen sollten am besten ohne andere Fische gehalten werden, da ihnen diese das Futter wegschnappen. Mögliche Aquariumsgenossen für *H. reidi* sind Seesterne und Schnecken oder Einsiedlerkrebse, sie fressen das, was dem Seepferd nicht mehr schmeckt. Alle drei Wochen werden ungefähr 2000 circa 5 Millimeter lange Babys geboren.

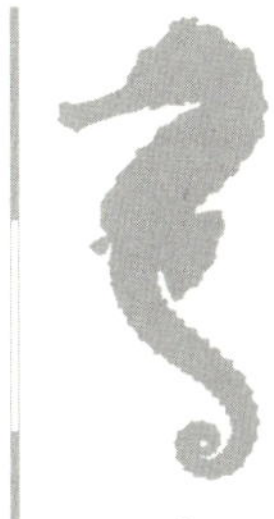

Zwergseepferdchen

Hippocampus bargibanti WHITLEY, 1970

Bargibant's seahorse
Hippocampe pygmée des gorgones

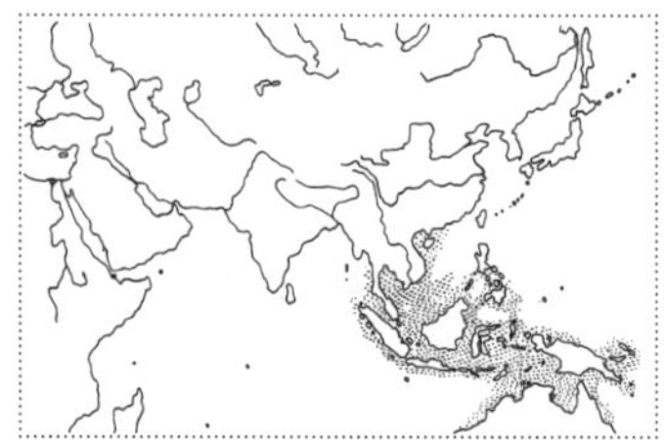

Diese Art wurde 1969 von Georges Bargibant entdeckt, als er Gorgonien für das Aquarium in Nouméa, Neukaledonien, sammelte. Gorgonien sind in allen Weltmeeren lebende Hornkorallen. *Hippocampus bargibanti* passt sich perfekt an das Aussehen der Gorgonien an, auf denen es lebt. Es ist entweder hellgrau mit pinken oder knallroten warzenartigen Auswüchsen oder gelb mit orangen Warzen, je nachdem auf welcher Koralle es sich befindet. Ihre Camouflage ist so extrem, dass es vorkommt, dass ihre Anwesenheit auf den Korallen erst bemerkt wird, nachdem diese gesammelt und in ein Aquarium gesetzt wurden. Die Tiere bleiben auch im fortpflanzungsfähigen Stadium kleiner als 2 Zentimeter und leben vorzugsweise in Gruppen nahe beisammen. Sie befinden sich in Tiefen von 16 bis 40 Metern und halten sich permanent an den Korallen fest, da in diesem Lebensraum eine starke Strömung herrscht und sie nicht verdriften wollen. Brutsaison ist von März bis November. Pro Geburt kommen nur wenige Dutzend Junge ins Meer. Seit der Entdeckung von *H. bargibanti* wurde eine Reihe weiterer Zwergseepferdchen beschrieben.

♀

Gelbes Ästuarenseepferdchen

Hippocampus kuda BLEEKER, 1852

Yellow seahorse
Hippocampe doré

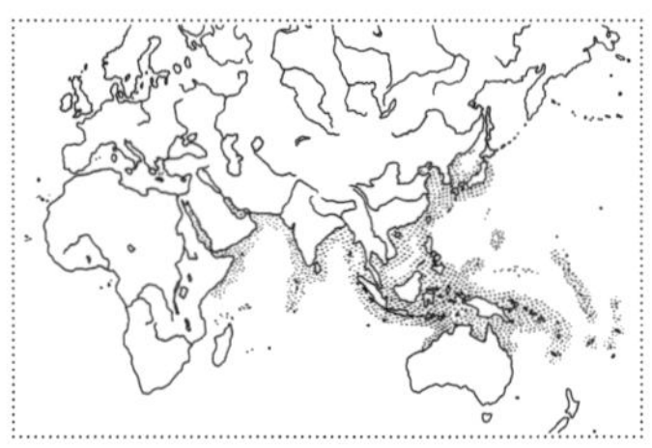

Das Gelbe Ästuarenseepferdchen wurde von dem Militärarzt Pieter Bleeker beschrieben, als er von 1842 bis 1878 mit der Königlich Niederländischen Armee im heutigen Indonesien stationiert war. Neben seiner Arbeit machte er sich einen Namen als Fischtaxonom. Er kaufte den ortsansässigen Fischern ihren Fang ab, untersuchte die Tiere und sandte sie, mit seinen Kommentaren versehen, nach Hause. So sammelte er über 12 000 Exemplare, die sich heute im Naturalis Biodiversity Center in Leiden befinden. Auch *H. kuda* ist darunter. Es ist eine weitverbreitete Art, die lokal recht variabel aussehen kann. Daher ist *H. kuda* für Laien schwierig zu bestimmen. Die Tiere kommen in Lagunen, Häfen, Ästuaren, küstennahen Seegraswiesen und Mangrovenwäldern vor. Sie werden 7 bis 17 Zentimeter groß und sind bei Aquarianer*innen sehr beliebt. Die optimale Wassertemperatur für *H. kuda* liegt bei 23 bis 24° C, wärmeres Wasser macht ihnen zu schaffen. Die namensgebende gelbe Farbe ist nicht bei allen Individuen vorhanden, je nach Umgebung können sie auch schwarz oder sandfarben sein.

Dickbauchseepferdchen

Hippocampus abdominalis LESSON, 1827

Big-belly seahorse
Hippocampe à gros ventre

Das Dickbauchseepferdchen gilt mit 35 Zentimetern als die zweitgrößte Art innerhalb der Gattung *Hippocampus*. Nur *H. kellogi* übertrifft es noch an Länge. Es lebt an der Südostküste Australiens und um Neuseeland in verschiedenen Tiefenbereichen bis zu 100 Meter unter der Wasseroberfläche. Bevorzugt werden geschützte Buchten, wo die Tiere an felsigen Riffen, unter Algen und an Seegras zu finden sind. In Tasmanien wurden sie in Flussmündungen gesichtet. Menschengemachte Strukturen wie Käfige oder Stege sind mittlerweile wichtige Lebensräume geworden. Im Hafen von Sydney lebt eine beträchtliche Anzahl an einem für die Lachszucht aufgestellten Netzgehege. In tieferem Wasser halten sie sich sich gern an Schwämmen fest. Sie sind aktivere Schwimmer als die meisten Seepferdarten, ab und zu legen sie innerhalb eines Tages ein paar Hundert Meter zurück. Brutzeit ist von Oktober bis Januar – im australischen Sommer. Die 300 bis 700 Jungfische pro Gelege sind bei der Geburt ungefähr 1,5 Zentimeter lang. Pro Saison können Männchen bis zu vier Mal befruchtet werden. Die Tragzeit beträgt meist 28 Tage, variiert aber je nach Wassertemperatur. Dickbauchseepferde vertragen Temperaturen über 26° C nicht, sie haben es lieber kühl.

Zebra-Seepferdchen

Hippocampus zebra WHITLEY, 1964

Zebra seahorse
Hippocampe zebra

Endemisch auf Australien kommt diese hübsche Art nur an einzelnen Orten vor: an manchen Stellen des Great Barrier Reefs, auf Cape Grenville, Lindeman Island, den Swain Reefs und Coral Bay im Westen des Kontinents. Die auffallende Zeichnung des Tieres macht es ziemlich unverwechselbar. Schwarz-weiße Streifen ziehen sich vom Kopf aus über den Körper. Die Art hat einen prominenten Stachel über den Augen und trägt eine Krone mit 5 scharfen Spitzen. Die Augen sind blau mit heller Iris. Die Tiere gehören zu den zarteren Seepferdchen, sie erreichen auch im Erwachsenenstadium nicht mehr als 8 Zentimeter Länge. Ihr Lebensraum sind Korallenriffe in circa 20 Metern Tiefe. Sie mögen warmes Wasser um 25° C. Aufgrund des beschränkten Verbreitungsgebiets und der Vorliebe für Korallenriffe ist *H. zebra* relativ selten und zusätzlich durch Verlust der natürlichen Lebensräume, der Verschmutzung der Küsten, Klimaerwärmung und Schleppnetzfischerei, wo es als Beifang stirbt, gefährdet. Um es in eine der von der IUCN definierten Gefährdungskategorien einteilen zu können, gibt es allerdings nicht genug Daten über die Entwicklung der Populationen innerhalb der letzten Jahrzehnte.

Weiterführende Literatur

Stephen Cunnane: *Human Brain Evolution. The Influence of Freshwater and Marine Food Resources*, London 2010.

Chris T. Amemiya u. a.: »The African coelacanth genome provides insights into tetrapod evolution«, in: *Nature* 496 (2013), S. 311–316.

Tacyana P. R. Oliveira u. a.: »Sounds produced by the longsnout seahorse. A study of their structure and functions«, in: *Journal of Zoology* 294 (2014), S. 114–121.

Pierri Cataldo u. a.: »Density Decline in a Mediterranean Seahorse Population. Natural Fluctuations or New Emerging Threats?«, in: *Frontiers in Marine Science* 8 (2021), Article 692068.

Louw Claassens, David Harasti: »Life history and population dynamics of an endangered seahorse (*Hippocampus capensis*) within an artificial habitat«, in: *Journal of Fish Biology* 97 (2020), S. 974–986.

Jennifer Isaacs: *Australian Dreaming. 40 000 years of Aboriginal History*, London 2005.

Philip Henry Gosse: *A Naturalist's Rambles on the Devonshire Coast,* London 1853.

Philip Henry Gosse: *The Aquarium: An Unveiling of the Wonders of the Deep Sea,* London 1856.

Vernon N. Kisling: *Zoo and Aquarium History. Ancient Animal Collections To Zoological Gardens*, New York 2000.

Chunyan Li u. a.: »Genome sequences reveal global dispersal routes and suggest convergent genetic adaptations in seahorse evolution«, in: *Nature* 12 (2021), S. 1094.

Qian Lin u. a.: »The seahorse genome and the evolution of its specialized morphology«, in: *Nature* 540 (2016), S. 395–399.

Sara A. Lourie, Pollom A. Riley, Sarah Foster: »A global revision of the Seahorses *Hippocampus* Rafinesque 1810 (Actinopterygii: Syngnathiformes). Taxonomy and biogeography with recommendations for further research«, in: *Zootaxa* 4146 (2016).

Sara A. Lourie: *Seahorses. A Life-Size Guide to Every Species*, East Sussex 2016.

Michael M. Porter u. a.: »Why the seahorse tail is square«, in: *Science* 349 (2015), S. 6243.

Till Hein: *Crazy Horse*, Hamburg 2021.

Tingting Lin, Xin Liu, Dong Zhang: »Does the female seahorse still prefer her mating partner after a period of separation?«, in: *Journal of Fish Biology* 99 (2021), S. 1613–1621.

Helen Scales: *Poseidon's Steed. The Story of Seahorses, from Myth to Reality*, London 2009.

Lucy C. Woodall u. a.: »A synthesis of European seahorse taxonomy, population structure, and habitat use as a basis for assessment, monitoring and conservation«, in: *Marine Biology* 165:19 (2018).

Jure Žalohar, Tomaz Hitij, Matija Križnar: »Two new species of seahorses (*Syngnathidae, Hippocampus*) from the Middle Miocene (Sarmatian) Coprolitic Horizon in Tunjice Hills, Slovenia: The oldest fossil record of seahorses«, in: *Annales de Paléontologie* 95 (2009), S. 71–96.

Dank an: Daniel Abed-Navandi (Haus des Meeres, Wien), Ruud Knijn (Universiteit van Amsterdam), Hermann Neumann und Holger Haslob (Thünen-Institut, Bremerhaven), Manuela Laubenberger (Kunsthistorisches Museum, Wien), Renate Schoon (Rijksmuseum, Amsterdam).

Abbildungsverzeichnis

Seite 62 *Hippocampus abdominalis.* Edgar R. Waite: *Records of the Canterbury Museum*, Bd. 1, Christchurch 1907–1912.

Seite 65 *The common Short-snouted seahorse.* in: *El Mundo Ilustrado* 1880.

Seite 68 *Cyprinaceous Labrus and Hippocampus.* John White: *Journal of a voyage to New South Wales,* London 1790.

Seite 72 *Pot bellied seahorse.* William Buelow Gould, ca. 1832.

Seite 77 *Poissons, ecrevisses et crabes, de diverses couleurs et figures extraordinaires.* Louis Renard, Amsterdam 1754.

Seite 85 *Pygmy seahorse (Hippocampus bargibanti).* Marija Nabernik, 2014 © CC 3.0.

Seite 88 Foto der Autorin, 2021.

Seite 92 *Seepferdchen.* A. F. J. Portielje, J. P. H. Portielje-Scholten: *Zeewateraquarium en Terrarium.* Verkade-Sammelalbum, 1930.

Seite 97 *Hippocampes et algues.* Geneviève Hamon und Jean Painlevé, 1935 © Les Documents Cinématographiques / Archives Jean Painlevé Paris.

Seite 104 *Hippocampus hippocampus,* in: *Iconographia Zoologica,* 1700–1880.

Seite 108 François Maximilien Misson, *Nouveau voyage d'Italie,* Bd. 1, 1694.

Seite 115 *L'Hippocampe dans les algues.* Jean Painlevé, 1931 © Les Documents Cinématographiques / Archives Jean Painlevé, Paris.

Seiten 123–139 Illustrationen von Falk Nordmann, Berlin 2023.

Andrea Grill lebt als Dichterin und Schriftstellerin in Wien und Amsterdam. Sie ist habilitierte Evolutionsbiologin und übersetzt aus mehreren europäischen Sprachen. Ihr Gedichtband *Happy Bastards* gehört zu den Lyrikempfehlungen der Deutschen Akademie für Sprache und Dichtung. 2021 erhielt sie den Anton-Wildgans-Preis. In der Reihe Naturkunden erschien bisher ihr Tierportrait *Schmetterlinge*.

NATURKUNDEN № 95
Erste Auflage Berlin 2023

NATURKUNDEN
herausgegeben von Judith Schalansky
erscheinen bei Matthes & Seitz Berlin
ermöglicht durch Jan Szlovak, Hamburg

Großbeerenstraße 57A, 10965 Berlin
info@matthes-seitz-berlin.de
info@naturkunden.de

EINBAND UND TYPOGRAFIE Pauline Altmann, Palingen
nach einem Entwurf von Judith Schalansky
TITELILLUSTRATION Pauline Altmann, Palingen
SCHRIFT Ingeborg von Michael Hochleitner/Typejockeys
LITHOGRAFIE Tomas Mrazauskas, Berlin
HERSTELLUNG Hermann Zanier, Berlin
PAPIER 100 g/m² Fly 04 hochweiß, 1,2-faches Volumen
EINBANDMATERIAL Napura® Khepera von
Winter & Company GmbH, Lörrach
DRUCK UND BINDUNG Pustet, Regensburg

ISBN 978-3-7518-4002-6

www.naturkunden.de
www.matthes-seitz-berlin.de